KB018410

백두산
식물
길잡이

이도근 · 김진옥 지음

백두산 식물 길잡이

백두산과
연변 지역의
식물 안내서

궁리
KungRee

| 일러두기 |

1. 총 414분류군을 수록하였다.
2. 식물의 순서는 꽃이 피는 시기에 따랐으나, 같은 속의 비교가 필요한 식물인 경우 개화시기가 겹칠 때는 한데 묶어 정리하였다.
3. 이 책은 꽃을 위주로 하는 탐사안내서이기 때문에 자세한 식물의 설명보다는 식물의 자생지, 개화시기, 꽃, 분류키(동정 포인트) 위주로 설명하였다.
4. 국내 식물명과 학명은 국가생물종목록(국립생물자원관, 2020)과 국가표준식물목록(국립수목원, 2021), 중국식물지(Flora of China) 및 월드 플로라 온라인(WFO, World Flora Online)을 참고하였으며, 국내에 발표되지 않은 식물의 경우 『백두산의 야생화』(김무열 외, 2019)를 참고하였다.

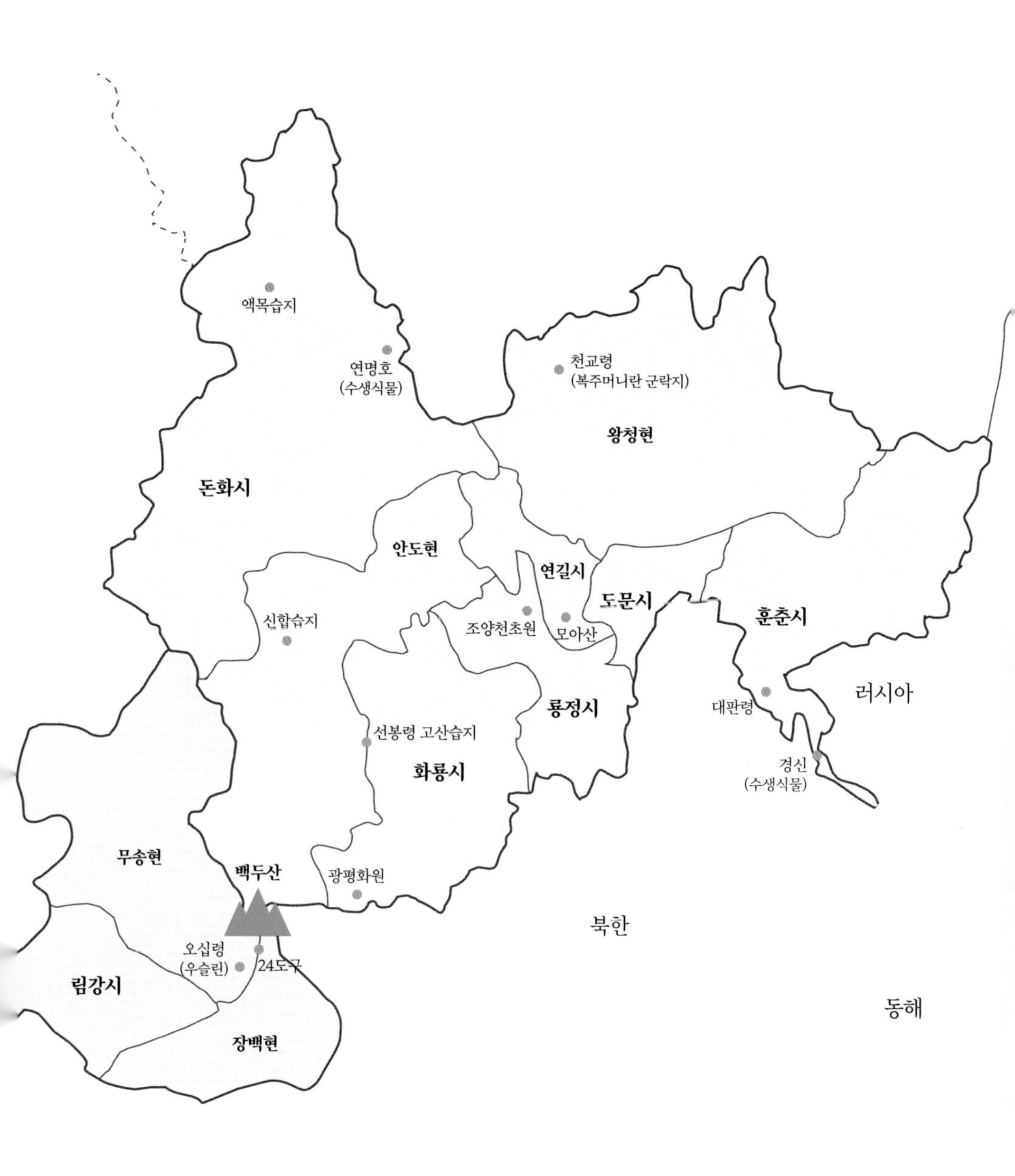

백두산 인근 및 연변조선족자치주 지도

백산, 동화, 장춘 방향
장백산공항
서파산문
왕지
장백산대협곡
고산화원
북꽃화원
제자하
금강폭포
탄화목
남파산문
청석봉
5호경계비
백운봉
(2690m)
망천어풍경구
압록강대협곡
고산습지
악화쌍폭포
고산화원
4호경계비
림강시방향
장백현

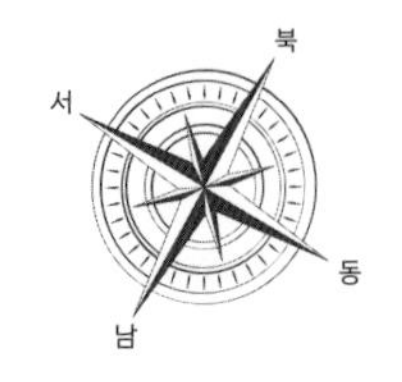
북
서
동
남

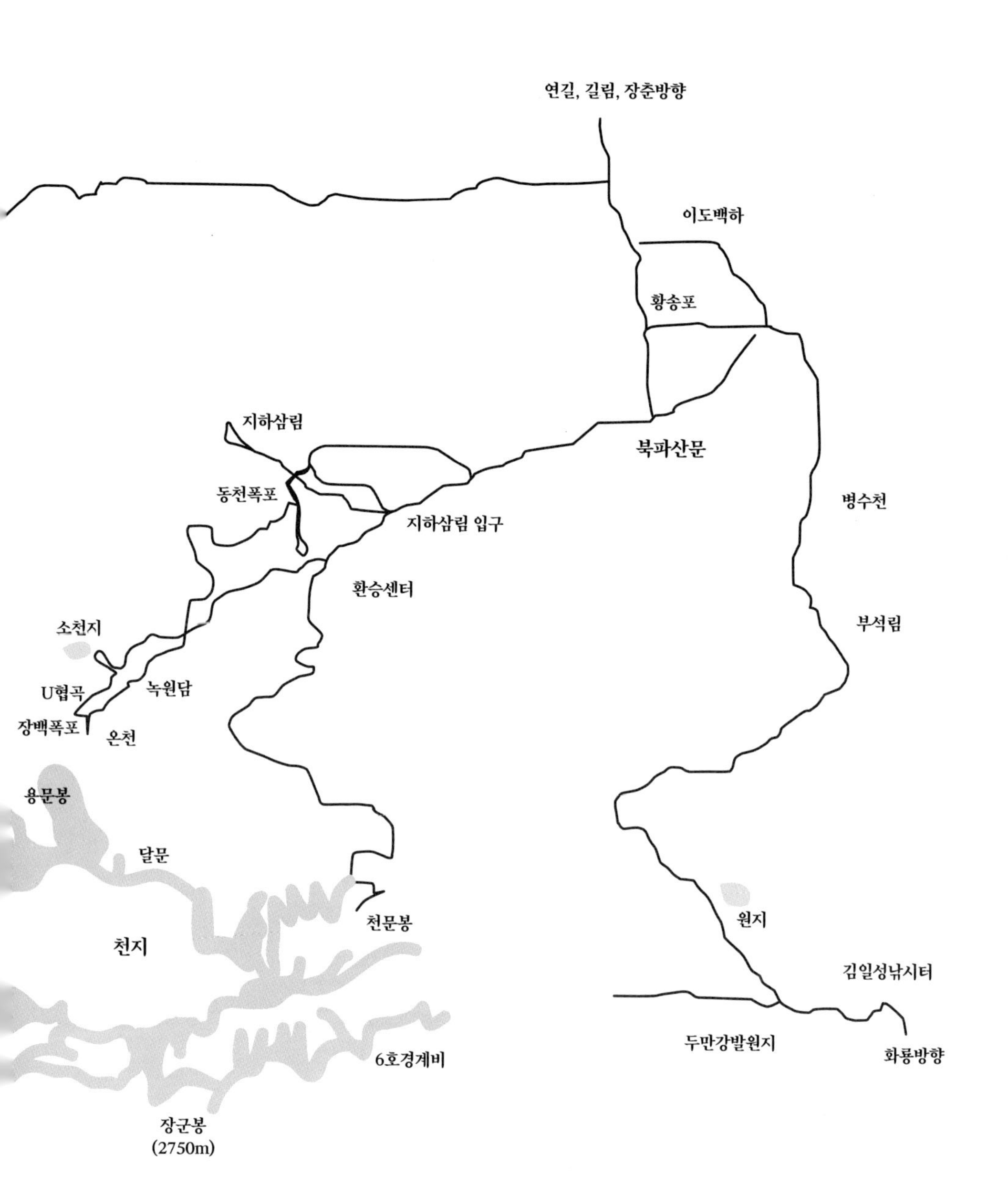
연길, 길림, 장춘방향
이도백하
황송포
지하삼림
북파산문
동천폭포
병수천
지하삼림 입구
환승센터
소천지
부석림
U협곡
녹원담
장백폭포
온천
용문봉
달문
원지
천문봉
천지
김일성낚시터
두만강발원지
화룡방향
6호경계비
장군봉
(2750m)

백두산 주변 지도

저자의 말

한반도의 남과 북은 분단되어 있어 서로 왕래하지 못하지만 식물은 백두산에서 시작되는 산줄기인 백두대간을 따라 이어져 있다. 하시만 남한에서 자라는 식물만으로 한반도의 식물을 이해하는 데는 한계가 있어 백두산을 포함한 북방계 식물을 보고자 하는 것은 늘 간절한 희망이었다. 그러던 1995년 7월, 백두산 식물탐사 대원을 모집한다는 소식을 듣고 망설임 없이 신청서를 제출하였다. 중국을 통해 장백산이라는 이름의 산을 탐사하는 것이었지만 다시 없을 기회라 생각하여 시작한 것이 첫 백두산 식물탐사였다. 그 탐사에서 해발 2000m가 넘는 고산초원과 원시림을 연상케 하는 지하삼림을 보며 한국에서 경험하지 못한 자연환경을 본 것이 첫 번째 감동이었고, 남한에서는 전혀 볼 수 없는 툰드라 지역의 고산식물을 만난 것이 두 번째 감동, 그리고 민족의 영산을 마주한 것이 세 번째 감동이었다. 탐사를 모두 마치고 한국으로 돌아온 후에도 그 감동들이 좀처럼 잊히지 않아 다음해에 또다시 백두산을 찾았다. 그때에는 시기를 조금 앞당겨 6월에 백두산을 찾았는데 그 전해에 보았던 꽃들이 전혀 보이지 않는 또 다른 세상을 만날 수 있었다.

백두산 고산초원의 꽃들은 6월 초순을 시작으로 피어나 8월 하순이면 모두 결실 단계로 접어들어 황금빛의 초원을 만들어낸다. 그 짧은 시간에 한 해를 마무리해야 하기에 꽃이 피고 지는 시간은 산 아래 저지대에 자라는 식물보다 매우 짧다. 이런 이유로 한 종의 식물이 피고 지는 기간은 불과 열흘 정도밖에 되지 않아 탐사 시기를 조금만 바꾸어도 전혀 다른 식물들을 만날 수 있다. 또한 일반적인 6박 7일의 탐사 일정으로는 백두산의 꽃들을 보기에 역부족이다. 더구나 이동 시간을 제외하면 실제 백두산에 머무를 수 있는 시간은 길어야 3~4일에 불과하니 북백두와 서백두, 남백두를 모두 둘러본다는 것은 가능한 일이 아니다. 이런 이유로 2006년부터 2010년까지 5년 간 백두산이 바라다 보이는 이도백하에 터를 잡고 본격적인 백두산 식물 탐사를 하였다.

고산지대의 꽃이 피지 않는 5월에는 백두산 아래 저지대의 숲과 초원, 습지를 탐사하였고, 5월 하순에는 백두산 수목한계선 아래, 6월 초순부터는 고산초원의 시작 지점인 해발 1900~2000m 중심으로 순차적으로 고도를 높여 6월 중순 이후에는 본격적인 고산지대를 탐사하였다. 그러다 날씨가 좋지 않은 날이면 위험한 고산지대의 탐사를 뒤로하고 북한 땅에 자라는 식물을 간접적으로나마 볼 수 있는 연변(조선족자치주) 지역을 탐사하였다.

연변은 백두산 동쪽의 적봉(홍토산)에서 발원한 두만강과 연변의 심장부인 연길시를 관통하는 브루하통하강, 노송령에 발원한 가야하, 선봉령 고산습지에서 발원한 해란강이 흐르는 지역이다. 또한 연변은 백두산에서 동북쪽으로 뻗은 선봉령 줄기와 노송령 줄기를 품고 있으며 북한의 함경북도 및 양강도 지역과 경계를 이루고 있어 한반도의 북쪽 식물을 이해하는데 빼놓을 수 없는 탐사지이다. 그 외에도 백두산 남쪽에서 북한의 신의주까지 이어지는 925km의 압록강과 백두산 남쪽으로 뻗은 오십령 산줄기를 따라 탐사하며 서로 경계를 이룬 북한의 자강도와 평안남-북도 식물들을 이해하고자 하였다. 그 후에는 내몽고의 북부지역과 중북부지역에 속한 대흥안령 산줄기를 탐사하면서 한반도 북방계 식물의 생태변화를 살펴보기도 하였으며, 이는 남한에 자라는 북방계 식물의 변화와 위도 및 기후조건에 따른 생태적인 현상을 관찰하는 데 큰 도움이 되었다.

이 책은 지금까지 백두산과 연변 지역의 식물을 탐사하며 얻어낸 식물 정보를 담은 책이다. 백두산과 한반도의 북방계 식물에 관심이 있어 탐사하려는 이들에게 조금이나마 길잡이 역할이 되길 바라는 마음으로 만들었다. 이 책에는 북방계 식물뿐만 아니라 백두산과 연변 지역에 자생하는 남한의 식물들도 수록되어 있으며, 정확한 자생지와 개화시기 및 주변 생태(초원, 습지 등) 정보도 담겨 있다. 또한 식물분류학자 김진옥 박사가 중국식물지와 조선식물지 및 국내 식물목록 등의 문헌에 근거하여 분류학적인 정보를 추가하였다.

이 책이 나올 수 있도록 각종 식물 자료 제공 및 조언을 해주신 중국 연변대 김수철 교수님과 여해자 교수님, 국립수목원 이정희 박사님, 제주 약용식물전문가 김지훈 박사님, 식물애호가 박상무 님, 윤미경 님께 깊이 감사드리며 중국 현지에서 동행하며 애써주신 정림호 님, 친구 안의호, 고인이 되셨지만 생전 늘 형제처럼 대해주신 박철진 형님께 감사드린다.

차례

6월

7월

8~9월

4~5월

노루귀

獐耳细辛 zhang er xi xin

미나리아재비과

Hepatica asiatica Nakai | **다년초**

훈춘시 반석진 대판령 2006.4.20.

훈춘시 대판령과 소판령 일대 숲속의 습한 곳에 자란다. 키는 10cm 정도이고, 4월 중순부터 하순까지 피는 흰색 꽃은 꽃줄기 끝에 1개씩 달린다. 꽃잎은 없으며, 꽃잎처럼 보이는 꽃받침잎은 흰색이다. 털이 수북한 채 말려서 나오는 잎이 마치 노루의 귀 같다 하여 노루귀라 한다. 연변 지역에서 노루귀의 유일한 자생지이자 야생화가 가장 먼저 피는 곳이 훈춘시이다. 노루귀의 학명으로 중국식물지에서는 *Hepatica nobilis* var. *asiatica*를 사용하며, WFO에서는 바람꽃속에 귀속시켜 *Anemone hepatica* var. *japonica*를 사용한다.

잎

무송현 송강하진(지서구) 2006.4.22.

앉은부채

臭菘 chou song | 천남성과

Symplocarpus renifolius Schott ex Tzvelev

다년초

백두산 주변 송강하진, 천양진, 로수하진 일대 해발 700m 이하 숲속의 습한 곳에 자란다. 4월 중순부터 하순까지 피는 육질의 꽃차례(육수꽃차례)는 길이 4cm 정도이며, 자주색 무늬가 있는 불염포에 싸여 나온다. 꽃은 양성화로 꽃잎과 수술이 4개씩이며, 암술은 1개이다. 여름에 개화하는 애기앉은부채(*S. nipponicus*)에 비해 잎의 길이가 30~40cm로 2배 정도이며, 꽃은 잎이 나오기 전에 개화한다

잎

복수초

側金盞花 ce jin zhan hua | 미나리아재비과

Adonis amurensis Regel & Radde | 다년초

연길시 삼도진 오도촌 2006.5.3.

연변 전 지역과 백두산 해발 1500m의 숲속에 자란다. 꽃이 필 때 키는 10cm 정도이고, 4월 중순부터 5월 하순까지 잎보다 먼저 노란색 꽃이 핀다. 꽃잎보다 작은 꽃받침잎을 갖는 같은 속의 국내 식물들에 비해 꽃잎과 비슷한 크기의 꽃받침잎을 8~9개 갖는다.

꿩의바람꽃

多被银莲花 duo bei yin lian hua | 미나리아재비과

Anemone raddeana Regel | 다년초

무송현 로수하진 2019.5.3.

연변 전 지역과 백두산 일대의 숲속에 자란다. 키는 20cm 정도이고, 4월 20일경 훈춘시 대판령에서부터 개화가 시작되어 5월 20일에는 백두산 주변에서 꽃을 볼 수 있다. 꽃잎은 없으며, 꽃잎처럼 보이는 흰색의 꽃받침잎이 8~13개로, 바람꽃속 식물 중에서 가장 많다. 꽃 아래 잎처럼 생긴 꽃싸개잎이 달리고, 잎은 꽃이 진 후에 나온다.

너도바람꽃

菟葵 tu kui | 미나리아재비과 | *Eranthis stellata* Maxim. | 다년초

무송현 만강진(지남구) 오십령 2006.5.1.

연변 전 지역과 백두산 주변 숲속의 물기 많은 곳에 자란다. 키는 15cm 정도이고, 4월 하순부터 5월 중순까지 피는 꽃은 덩이뿌리에서 나온 연약한 줄기 끝에 달린다. 꽃잎처럼 보이는 흰색의 꽃받침잎은 주로 5개 정도이고, 꽃잎은 2개로 갈라진 노란색의 꿀샘으로 퇴화되어 있다. 꽃 아래에 잎처럼 생긴 꽃싸개잎이 달리고, 잎은 꽃이 진 후에 나온다.

열매

잎

봄앵초

箭报春 jian bao chun | 앵초과 | *Primula fistulosa* Turkev. | 다년초

훈춘시 밀강향 2007.5.1.

지금까지 확인된 자생지는 훈춘시 밀강향과 도문시 장안진 지역으로 물기 많은 초원에 자란다. 키는 20cm 정도이고, 4월 하순부터 5월 중순까지 피는 분홍색 꽃은 털이 하얗게 덮인 줄기 끝에 여러 개가 공 모양으로 달린다. 앵초속 식물 중에 가장 일찍 꽃이 핀다 하여 봄앵초라 한다. 국내 미기록 식물이다.

한계령풀

牡丹草 mu dan cao | 매자나무과

Gymnospermium microrrhynchum (S. Moore) Takht. | 다년초

무송현 천양진 2019.5.2.

백두산 주변 이도백하진 해발 900m 이상의 숲속에 군락을 이루며 자란다. 키는 30cm까지 자라고, 4월 하순부터 5월 초순까지 땅속 깊이 있는 덩이뿌리에서 나온 줄기 끝에 노란색 꽃이 여러 개 핀다. 작은잎 9개로 이루어진 1개의 잎을 가지며, 잎자루 아래에 붙은 턱잎은 반원형 내지 원형으로 줄기를 둘러싼다. 백두산 및 연변 지역 일대를 포함하여 유일한 자생지는 이도백하진과 로수하진 지역이다.

잎

꽃

땅머위(관동화)

款冬 kuan dong | 국화과 | *Tussilago farfara* L. | 다년초

무송현 천양진 2007.5.2.

백두산 주변과 선봉령 지역의 물기 많고 양지바른 길가에 자란다. 키는 10cm 정도이고, 4월 하순부터 5월 초순까지 피는 노란색 머리 모양 꽃은 잎보다 먼저 나온다. 머리 모양 꽃 주변부에 있는 다수의 혀꽃은 암꽃으로 열매를 맺으며, 중앙부에 있는 통꽃은 소수로 수꽃이다. 자생지는 이도백하진, 로수하진, 천양진, 선봉령 등 해발 700~900m 지점에 밀집되어 있으며, 개체수가 가장 많은 곳은 천양진 일대이다. 국내 미기록 식물이다.

꽃

진달래

迎红杜鹃 ying hong du juan | 진달래과

Rhododendron mucronulatum Turcz. | 낙엽관목

연길시 쌍봉촌 2010.5.5.

백두산 고산지대를 제외한 연변 전 지역의 저지대에 널리 자란다. 키는 2m까지 자라고, 4월 하순에서 5월 초순에 분홍색의 꽃이 만개한다. 연변을 기념하고 조선민족을 상징하는 꽃으로 매년 연길의 진달래 광장에서 축제가 열린다.

흰꽃

진퍼리꽃나무

地桂 di gui | 진달래과 | *Chamaedaphne calyculata* (L.) Moench | 상록관목

안도현 이도백하진(지북구) 이도 1습지 2019.5.2.

지금까지 이도백하진의 습지에서만 자생을 확인하였다. 키는 30~100cm 정도이고, 주로 4월 하순부터 꽃이 피기 시작하여 5월 초중순에 만개하지만, 날씨에 민감하여 개화시기가 달라지기도 한다. 짧은 꽃자루를 가진 흰색 꽃이 줄기 끝에 여러 개 달린다. '진퍼리'는 진펄(진땅)을 의미한다.

깽깽이풀

鲜黄连 xian huang lian | 매자나무과

Jeffersonia dubia (Maxim.) Benth. & Hook. f. ex Baker & S. Moore | 다년초

안도현 량강진 2006.5.3.

연변 지역과 백두산 주변 해발 1000m 이하의 숲속에 자란다. 키는 20cm 정도이고, 4월 하순부터 5월 중순까지 잎보다 먼저 올라온 꽃줄기 끝에 보라색 꽃이 1개씩 핀다. 꽃받침은 일찍 떨어지고, 꽃잎과 수술은 각각 6~8개이며, 암술은 1개이다. 중국식물지와 WFO에서는 깽깽이풀의 학명으로 *Plagiorhegma dubium* 을 사용한다.

흰꽃 잎

감자냉이

细叶碎米荠 xi ye sui mi ji | 십자화과

Cardamine trifida (Lam. ex Poir.) B. M. G. Jones | 다년초

안도현 량강진 2019.5.4.

안도현 량강진의 숲속에서만 자란다. 키는 30cm까지 자라고, 4월 하순부터 5월 중순까지 피는 분홍색이나 흰색의 꽃은 줄기 끝에 모여 달린다. 땅속에 달리는 여러 개의 덩이뿌리가 감자와 닮아 감자냉이라 한다. 종소명의 'trifida'는 세 갈래로 갈라진 잎을 의미한다. 국내 미기록 식물이다.

만주바람꽃

东北扁果草 dong bei bian guo cao | 미나리아재비과
Isopyrum manshuricum Kom. | 다년초

안도현 이도백하진(지북구) 2009.5.5.

연변 전 지역과 백두산 주변 숲속의 습한 곳에 자란다. 키는 20cm까지 자라고, 4월 하순부터 5월 하순까지 피는 꽃은 줄기 윗부분의 잎겨드랑이에서 1개씩 나온다. 꽃잎처럼 보이는 꽃받침잎은 5개로 흰색이고, 그 안쪽에 작은 꽃잎이 들어 있다. 땅속에 작은 덩이뿌리가 여러 개 달린다.

잎

들바람꽃

黑水银莲花 hei shui yin lian hua | 미나리아재비과

Anemone amurensis (Korsh.) Kom. | 다년초

안도현 이도백하진(지북구) 2019.5.3.

연변 전 지역과 백두산 주변 숲속의 습한 곳에 자란다. 키는 20cm까지 자라고, 4월 하순부터 개화가 시작되어 오십령 고지대의 경우에는 6월 초순까지도 꽃을 볼 수 있다. 줄기 끝에 하나씩 달리는 꽃은 흰색으로, 꽃잎은 없으며, 5~8개의 꽃받침잎이 꽃잎처럼 보인다. 꽃 아래 잎처럼 생긴 꽃싸개잎은 3개로 완전히 갈라진다.

| 개화시기별 탐사장소 |

- 4월 25일~5월 15일: 연길시(오도촌), 왕청현(배초구진), 이도백하진, 량강진, 로수하진, 천양진
- 5월 15일~6월 5일: 선봉령, 오십령

꽃

분비나무

臭冷杉 chou leng shan | 소나무과

Abies nephrolepis (Trautv. ex Maxim.) Maxim. | 상록교목

화룡시 선봉령 2018.5.3.

연변 지역과 백두산 해발 1700m까지 자란다. 키는 25m까지 자라고, 4월 중순부터 5월 중순까지 피는 암꽃(암구화수)과 수꽃(수구화수)은 한 나무에 달린다. 수피는 회색이고, 잎은 끝이 살짝 갈라져 있다.

잎

눈잣나무

偃松 yan song | 소나무과 | *Pinus pumila* (Pall.) Regel | 상록관목

북백두(북파) 소천지 2016.5.28

백두산 및 오십령 등지의 해발 1600m 이상 지역에 자란다. 키는 6m까지 자라기도 하지만, 주로 10m까지 옆으로 뻗는 줄기를 내어 낮게 자란다. 4월 하순부터 피는 암꽃(암구화수)과 수꽃(수구화수)은 각각 새가지 끝과 아래에 달린다. 잎은 5개씩 모여 달린다. 잣나무에 비해 누워 자란다고 하여 눈잣나무라 한다.

잎

가는잎할미꽃

朝鲜白头翁 chao xian bai tou weng | 미나리아재비과

Pulsatilla cernua (Thunberg) Berchtold & Presl | 다년초

안도현 량강진 2019.5.5.

연변 전 지역의 양지바른 건조한 땅 또는 자갈밭처럼 척박한 곳에서도 자란다. 키는 28cm까지 자라고, 5월 초순부터 중순까지 피는 꽃은 줄기 끝에 1개가 달리며, 꽃색은 진한 자주색에서부터 연한 분홍색까지 나타난다. 꽃잎은 없으며, 꽃잎처럼 보이는 꽃받침잎이 6개이다. 꽃 아래에 달린 꽃싸개잎은 잎처럼 보이며, 줄기를 둘러싸고, 가늘게 갈라져 있다. 잎은 뿌리에서 나고 4~6개이며, 개화 시 완전히 벌어지지 않는다.

분홍할미꽃

兴安白头翁 xing an bai tou weng | 미나리아재비과

Pulsatilla dahurica (Fisch. ex DC.) Spreng. | 다년초

안도현 량강진 2019.5.4.

연변 전 지역 및 백두산 해발 1200m의 길가 또는 건조한 초원에 자란다. 키는 40cm까지 자라고, 5월 초순부터 6월 초순까지 피는 연한 분홍색 꽃은 줄기 끝에 1개가 달린다. 꽃잎은 없으며, 꽃잎처럼 보이는 꽃받침잎이 6개이다. 꽃 아래에 달린 꽃싸개잎은 잎처럼 보이며, 줄기를 둘러싸고, 가늘게 갈라져 있다. 잎은 뿌리에서 나고 7~9개이며, 개화 시 거의 다 벌어진다. 연변 지역에 자라는 할미꽃속 식물의 80% 이상이 분홍할미꽃이다.

꽃

안도현 장흥촌 2009.5.24.

연변할미꽃

미나리아재비과 | *Pulsatilla* × *yanbianensis* H. Z. Lv | 다년초

안도현 량강진 2010.5.18.

연변 지역에 가는잎할미꽃과 분홍할미꽃이 함께 자생하면서 교잡종이 만들어진 것이 연변할미꽃이다. 연변할미꽃은 개화 시 잎이 완전히 벌어지는 점이 분홍할미꽃과 같고, 꽃받침이 자주색인 점이 가는잎할미꽃과 같다.

만주족도리풀

쥐방울덩굴과 | *Asarum mandshuricum* (Maxim.) M. Kim & S. So | 다년초

안도현 량강진 2019.5.2.

연변 지역의 숲속 및 물기 많은 계곡 주변에 자란다. 키는 15cm까지 자라고, 5월 초순부터 중순까지 피는 자주색 꽃은 꽃줄기에 1개가 달린다. 꽃받침 갈래가 뒤로 젖혀지고, 잎 뒷면에 털이 있는 점에서 서울족도리풀(*A. mandshuricum* for. *seoulense*)과 닮았으나, 잎자루에 털이 없는 특징을 갖는다.

애기괭이밥

白花酢浆草 bai hua cu jiang cao | **괭이밥과** | *Oxalis acetosella* L. | **다년초**

화룡시 선봉령 해발 1400m 2018.6.3.

연변 지역 해발 600m 이상 및 백두산 1600m 이하 숲속의 습한 곳에 자란다. 키는 8cm 정도이고, 5월 중순부터 6월 중순까지 흰색 꽃이 뿌리에서 나온 꽃줄기 끝에 1개씩 핀다. 큰괭이밥(*O. obtriangulata*)에 비해 전체적으로 작으며, 잎이 심장 모양이다.

안도현 이도백하진(지북구) 2006.5.9.

큰괭이밥

三角叶酢浆草 san jiao ye cu jiang cao

괭이밥과 | *Oxalis obtriangulata* Maxim.

다년초

연변 지역 해발 600m 이상 및 백두산 주변 해발 1100m 이하 숲속의 그늘진 곳에 자란다. 키는 20cm까지 자라고, 5월 초순부터 중순까지 붉은빛이 도는 흰색 꽃이 뿌리에서 나온 꽃줄기 끝에 1개씩 핀다. 애기괭이밥(*O. acetosella*)에 비해 전체적으로 크며, 잎이 세모 모양이다.

열매와 잎

능수쇠뜨기

林木贼 lin mu zei | 속새과
Equisetum sylvaticum L. | 다년초

화룡시 선봉령 2018.5.30.

연변 지역 및 백두산에 자란다. 키는 70cm까지도 자라고, 5월부터 6월까지 포자가 달린다. 쇠뜨기(*E. arvense*)와 닮았으나, 마디에서 가지가 나와 다시 작은 가지를 뻗는 점이 다르다.

포자체

도문시 장안진 2010.5.15.

낭독

狼毒 lang du | 대극과

Euphorbia fischeriana Steud. | 다년초

도문시, 연길시, 화룡시 등 극히 제한된 지역의 건조한 초원과 산비탈에 자란다. 키는 60cm까지 자라고, 5월 초순에서 중순까지 피는 황록색 꽃은 줄기 끝에 우산 모양으로 달리며, 잔 모양의 꽃차례에 1개의 암꽃과 여러 개의 수꽃이 핀다. 줄기 아래쪽에 달린 잎은 어긋나고, 위쪽의 잎(꽃싸개잎)은 3~6개씩 돌려난다. 꽃 아래에 있는 꽃싸개잎은 세모 모양으로 2개씩 달린다. 씨방과 열매 표면에 흰색의 가는 털이 있다.

열매

애기중의무릇

小顶冰花 xiao ding bing hua

백합과 | *Gagea hiensis* Pascher

다년초

연길시 삼도진 2006.5.10.

연변의 삼도진에만 자생하며, 비교적 물기가 많은 숲속에 자란다. 키는 15cm 정도이고, 5월 초순부터 중순까지 피는 노란색 꽃은 2~5개가 꽃싸개잎과 함께 꽃줄기 끝에 모여 달린다. 꽃이 피는 개체의 뿌리에서 나오는 1개의 잎은 너비가 2mm로, 5~10mm인 중의무릇(*G. lutea*)에 비해 좁다.

잎

중의무릇

패모

平贝母 ping bei mu | 백합과

Fritillaria ussuriensis Maxim. | 다년초

안도현 량강진 2009.5.10.

백두산 주변 숲속 또는 숲 가장자리의 물기 많은 곳에 자란다. 키는 25cm까지 자라고, 5월 초순부터 중순까지 피는 자색 꽃이 줄기 윗부분의 잎겨드랑이에 1개씩 달린다. 잎 끝은 말려 덩굴손처럼 된다. 조개처럼 생긴 땅속 비늘줄기가 약재로 사용되는 만큼 채취로 인해 예전보다 개체수가 많이 줄었다.

| 세부 자생지 |

· 량강진, 이도백하진. 로수하진, 천양진 일대

꽃

낭화붓꽃

囊花鸢尾 nang hua yuan wei | 붓꽃과 | *Iris ventricosa* Pall. | 다년초

도문시 장안진 2009.5.14.

도문시 장안진 일대에서만 30여 개체의 자생을 확인하였다. 숲 가장자리 및 초원 지대의 반건조한 곳에 자란다. 꽃줄기는 20cm, 잎은 50cm까지 자란다. 5월 초순부터 중순까지 보라색 꽃이 꽃줄기 끝에 2개씩 핀다. 꽃싸개잎이 부풀어 주머니처럼 보이는 것이 특징이다. 내몽고 북부의 초원에서는 흔하게 볼 수 있다. 국내 미기록 식물이다.

백작약(산함박꽃)

草芍药 cao shao yao | 미나리아재비과

Paeonia japonica (Makino) Miyabe & Takeda | 다년초

안도현 이도백하진(지북구) 내두산 2016.5.8.

백두산 주변인 이도백하진, 로수하진, 천양진, 량강진 지역의 숲속에서만 자란다. 개체수가 가장 많은 곳은 이도백하진 내두산 마을 초입의 숲속이다. 키는 50cm까지 자라고, 5월 초순부터 20일경까지 흰색 꽃이 줄기 끝에 1개가 달린다. 잎은 작은잎이 9개 이하이며, 암술에 털이 없다. 중국식물지와 WFO에서는 백작약을 붉은색 꽃을 피우는 산작약(*P. obovata*)의 이명으로 처리하였으나, 산작약은 백작약과 자생지도 다를 뿐만 아니라, 백작약이 다 지고 난 다음인 5월 하순부터 개화하는 점 등을 미루어 별개의 종으로 처리하고자 한다.

노랑제비꽃

东方堇菜 dong fang jin cai | 제비꽃과

Viola orientalis (Maxim.) W. Becker | 다년초

훈춘시 밀강향 2007.5.10.

훈춘시, 도문시 지역의 숲속에서만 자란다. 키는 10cm 정도이고, 5월 초순부터 중순까지 피는 노란색 꽃은 줄기에 달린 잎의 겨드랑이에 1개씩 달린다. 뿌리에서 나는 잎은 여러 장이고, 줄기에 달리는 잎은 대개 3장이다. 털대제비꽃(*V. muehldorfii*)에 비해 땅속줄기가 옆으로 기지 않고, 마디가 많다.

열매

털대제비꽃

大黃花堇菜 da huang hua jin cai | 제비꽃과 | *Viola muehldorfii* Kiss | 다년초

연길시 삼도진 오도촌 2007.5.11.

연길시 쌍봉촌, 오도촌 일대 숲속의 물기 많은 곳에 자란다. 키는 30cm까지 자라고, 5월 초순부터 중순까지 피는 노란색 꽃은 줄기에 달린 3개의 잎 중 2번째 잎의 잎겨드랑이에 달린다. 뿌리에서 나는 잎은 1~3개이고, 줄기에 달린 잎은 대개 3개이다. 노랑제비꽃(*V. orientalis*)과는 다르게 땅속줄기가 옆으로 긴다.

간도제비꽃

裂叶堇菜 lie ye jin cai | 제비꽃과
Viola dissecta Ledeb. | 다년초

화룡시 청호촌 2009.5.3.

연변 지역의 숲속 및 초원에 자란다. 꽃이 필 때 키는 17cm까지 자라고, 5월 초순부터 하순까지 피는 보라색 꽃은 꽃줄기 끝에 1개씩 달린다. 잎은 여러 갈래로 깊게 갈라지고, 꽃이 지고 나면 잎자루가 24cm까지도 자란다.

열매

홀아비바람꽃(홀바람꽃)

미나리아재비과 | *Anemone koraiensis* Nakai | 다년초

안도현 이도백하진(지북구) 2016.5.10.

연변 전 지역 숲속의 습한 곳에 자란다. 키는 10cm 정도이고, 5월 초순부터 하순까지 피는 꽃은 1~2개의 꽃줄기 끝에 1개씩 달린다. 꽃잎은 없으며, 꽃잎처럼 보이는 흰색의 꽃받침잎은 5개이다. 꽃 아래 잎처럼 생긴 꽃싸개잎은 3개로 갈라지고, 뿌리에서 나오는 1~2개의 잎은 손바닥 모양으로 갈라진다. 이도백하진 일대에서는 간혹 꽃받침 녹화현상을 볼 수 있다. 꽃줄기가 2개인 개체는 쌍동바람꽃(*A. baicalensis*)과 닮았으나, 홀아비바람꽃은 쌍동바람꽃에 비해 꽃밥이 더 진한 노란색이므로 구분된다.

녹화 꽃받침

쌍동바람꽃

毛果银莲花 mao guo yin lian hua | 미나리아재비과

Anemone baicalensis Turcz. | 다년초

연길시 삼도진 오도촌 2008.5.25.

연변 전 지역 숲속의 물기 많은 곳에 자란다. 키는 30cm까지 자라고, 5월 중순부터 6월 중순까지 피는 꽃은 줄기 끝에 1~3개가 달린다. 꽃잎은 없으며, 꽃잎처럼 보이는 흰색의 꽃받침잎은 5~7개이다. 뿌리에서 나온 잎은 1~3개이고, 꽃 아래 잎처럼 생긴 꽃싸개잎은 3개로 완전히 갈라진다. 잎자루와 꽃줄기에 퍼진 털이 있다. 쌍동바람꽃을 잎자루와 꽃줄기 및 씨방에 있는 털의 유무를 가지고 여러 변종으로 나누기도 한다. 꽃줄기에 1개의 꽃이 달리며, 씨방과 열매에 털이 거의 없는 바이칼바람꽃(*A. baicalensis* var. *glabrata*)도 그중 하나지만, 최근에는 쌍동바람꽃과 통합하는 추세이다.

| 개화시기별 탐사장소 |

· 5월 15일~30일: 연길시, 량강진, 전천림장

· 5월 30일~6월 10일: 선봉령, 오십령

꽃

잎

나도바람꽃

拟扁果草 ni bian guo cao | 미나리아재비과

Enemion raddeanum Regel | 다년초

화룡시 선봉령 2017.5.31.

연변 전 지역 및 백두산 주변 숲속의 물기 많은 곳에 자란다. 키는 40cm까지 자라고, 5월 초순부터 6월 초순까지 피는 꽃은 줄기 끝의 잎처럼 생긴 꽃싸개잎 위에 4~11개가 모여 달린다. 꽃잎은 없으며, 꽃잎처럼 보이는 흰색 내지 분홍색의 꽃받침잎은 4~6개이다.

꽃

철쭉

大字杜鹃 da zi du juan | 진달래과

Rhododendron schlippenbachii Maxim. | 낙엽관목

훈춘시 밀강향 2007.5.10.

연변 지역에서 훈춘시의 밀강향과 대판령에만 해발 500m 중심의 산지에 자란다. 이곳은 철쭉의 북방 한계점이기도 하다. 키는 5m까지 자라고, 5월 초중순부터 개화한다. 연분홍색 꽃은 잎과 동시에 나오며, 가지 끝에 3~7개씩 모여 달린다. 잎은 가지 끝에 4~5개씩 모여 난다.

얼레지

猪牙花 zhu ya hua | 백합과 | *Erythronium japonicum* Decne. | 다년초

무송현 로수하진 2006.5.15.

연변 지역에서 로수하진과 이도백하진에서만 백두산 주변 해발 800~1000m 일대 숲속 습한 곳에 군락으로 자란다. 키는 20cm 정도이고, 5월 초중순부터 개화가 시작되어 약 열흘간 꽃을 볼 수 있다. 뿌리에서 나온 꽃줄기 끝에 자색의 꽃 1개가 달린다. 땅속 비늘줄기는 장타원형으로 5~6cm 정도이다.

조름나물

睡菜 shi cai | 조름나물과 | *Menyanthes trifoliata* L. | 다년초

안도현 량강진 2016.5.10.

연변 지역의 습지 및 백두산 주변 물속에 자란다. 키는 40cm까지 자라고, 5월 초중순부터 6월 하순까지 피는 흰색 꽃은 꽃줄기 끝에 여러 개가 모여 달린다. 최대자생지는 이도백하진 2습지이며, 가장 늦게 꽃이 피는 곳은 선봉령 고산습지이다. 국내 멸종위기2급 식물이다.

| 개화시기별 탐사장소 |

- 5월 8일~6월 5일: 안도현(장흥촌, 량강진), 이도백하진 2습지, 돈화시 액목 습지
- 6월 6일~30일: 황송포, 선봉령 고산습지

꽃

개머위

长白蜂斗菜 chang bai feng dou cai
국화과 | *Petasites rubellus* (J. F. Gmel.) J. Toman | 다년초

양성화만 있는 개체 북백두(북파) 소천지 2015.5.30.

백두산 고산초원 및 해발 1400m 이상 숲속의 물기 많은 곳에 자란다. 키는 25cm까지 자라고, 5월 초순부터 6월 하순까지 피는 흰색 머리 모양 꽃은 줄기 끝에 6~9개가 달린다. 암꽃과 양성화 2종류로 꽃이 피며, 암꽃(씨앗을 맺는)과 양성화(씨앗을 맺지 않는)가 같이 피는 개체와 양성화(씨앗을 맺지 않고 수꽃 기능을 하는)만 피는 개체가 있다.

| 개화시기별 탐사장소 |

- 5월 5일~6월 1일: 오십령, 망천어봉, 운동원촌 부근
- 6월 2일~30일: 북백두 소천지 일대 수목한계선, 백두산 고산초원 해발 2400m

동의나물

驴蹄草 lu ti cao | 미나리아재비과 | *Caltha palustris* L. | 다년초

무송현 천양진 2015.5.10.

연변 전 지역과 백두산 해발 1700m 지점의 물기가 많은 숲속 및 습지에 자란다. 키가 10~60cm 정도로, 서식환경에 따라 크기 변이가 심하다. 5월 초순부터 7월 초순까지 피는 꽃은 줄기 위쪽에 2~4개씩 달린다. 꽃잎은 없으며, 꽃잎처럼 보이는 노란색 꽃받침잎이 5~7개이다. 동의나물의 작은 개체를 애기동의나물로 잘못 보기도 하는데, 애기동의나물(*C. natans*)은 꽃받침잎이 흰색으로, 꽃이 작고, 암술이 20~30개로 많다.

꽃

작은 개체

피나물

荷青花(原变种) he qing hua (yuan bian zhong)

양귀비과 | *Hylomecon vernalis* Maxim. | 다년초

화룡시 선봉령 2006.5.20.

연변 지역 및 백두산 주변 숲속의 습한 곳에 군락으로 자란다. 키는 40cm까지 자라고, 5월 중순부터 하순까지 피는 노란색 꽃은 줄기 끝의 잎겨드랑이에 1~3개가 달린다. 중국식물지에서는 피나물속에 *H. japonica* 1종만 인정하고 있으며, 잎에 불규칙하고 둔한 거치가 있는 개체를 변종(var. *japonica*)으로 구분하여 연변 지역과 한국, 일본, 러시아에 분포한다고 하였으며, 피나물(*H. vernalis*)을 그 이명으로 처리하였다.

꽃

삼지구엽초

朝鲜淫羊藿 chao xian yin yang huo | 매자나무과

Epimedium koreanum Nakai | 다년초

돈화시 강원진 2008.5.20.

삼지구엽초의 북방 한계점으로 보이는 돈화시 강원진 숲속의 그늘진 곳에서만 자생을 확인하였다. 키는 30cm 정도이고, 5월 중순부터 하순까지 피는 황백색 꽃은 줄기 끝에 모여 달린다. 꽃잎은 4장으로 긴 거(꿀주머니)가 있으며, 꽃받침잎은 8개로 바깥쪽 4개는 작다. 원줄기가 3개씩 2번 갈라진 끝에 잎이 달려서 삼지구엽초라 한다.

왕제비꽃

蓼叶堇菜 liao ye jin cai | **제비꽃과** | *Viola websteri* Hemsl. | **다년초**

안도현 량강진 2009.5.20.

안도현 량강진의 숲속 및 풀밭에 자란다. 키는 60cm까지도 자라고, 5월 중순부터 하순까지 피는 흰색 꽃은 잎겨드랑이에서 꽃줄기가 나와 달린다. 이름에 걸맞게 제비꽃 중에서 키가 가장 크다. 국내 멸종위기2급 식물이다.

왕청현 천교령진 2019.6.13.

넓은잎제비꽃

奇异堇菜 qi yi jin cai | 제비꽃과
Viola mirabilis L. | 다년초

연변 지역 해발 200~600m의 숲과 초원에 자란다. 키는 23cm까지 자라고, 5월 중순부터 6월 초순까지 피는 연한 자주색 꽃은 줄기 끝에 달린다. 꽃이 진 후에 나온 줄기 끝에 2개의 잎이 마주나고, 그 사이에 폐쇄화 열매가 달린다. 국내 멸종위기2급 식물이다.

꽃

당개지치

山茄子 shan qie zi | 지치과

Brachybotrys paridiformis Maxim. ex Oliv. | 다년초

연변 지역 및 백두산 해발 1200m 이하 숲속의 습한 곳에 자란다. 키는 50cm까지 자라고, 5월 중순부터 하순까지 피는 보라색 꽃은 줄기 끝에 여러 개가 모여 달린다. 잎은 줄기 상부의 꽃줄기나 나오는 지점에 모여 나서 마치 돌려난 것처럼 보인다.

안도현 이도백하진(지북구) 2013.5.20.

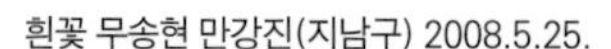

흰꽃 무송현 만강진(지남구) 2008.5.25.

나도양지꽃

光叶林石草 guang ye lin shi cao | 장미과
Waldsteinia ternata (Stephan) Fritsch | 다년초

안도현 이도백하진(지북구) 2010.5.20.

백두산 주변 및 선봉령 해발 1100m 이상 숲속의 습한 곳에 자란다. 키는 20cm까지 자라고, 5월 중순부터 하순까지 피는 노란색 꽃은 잎 사이에서 나온 꽃줄기에 1~3개가 달린다. 7월에 피는 너도양지꽃(*Sibbaldia procumbens*)과 같이 작은잎 3장으로 된 겹잎을 갖지만, 너도양지꽃은 5개의 수술을 갖는 반면, 나도양지꽃은 다수의 수술을 갖는다.

딱총나무

接骨木 jie gu mu | 인동과 | *Sambucus williamsii* Hance | 낙엽관목

북백두(북파) 지하삼림 2017.5.30.

선봉령과 백두산 주변의 숲 가장자리에 자란다. 키는 6m까지 자라고, 5월 중순부터 6월 중순까지 피는 흰색 꽃은 새가지 끝에 모여 달린다. 주로 잎 뒷면에 털이 없고, 열매가 붉게(드물게 흑자색) 익는다. 잎의 모양과 꽃차례의 형태에 다양한 변이가 있다.

화룡시 선봉령 해발 1400m 2019.6.17.

각시괴불나무

金花忍冬 jin hua ren dong | 인동과

Lonicera chrysantha Turcz. ex Ledeb. | 낙엽관목

무송현 만강진(지남구) 오십령 2019.6.7.

오십령에 자란다. 키는 4m까지 자라고, 5월 하순부터 6월 하순까지 피는 황백색 꽃은 잎겨드랑이에 달린 꽃줄기 끝에 2개씩 달린다. 꽃줄기는 1.5~3cm이고, 꽃싸개잎은 선상 피침형으로 2.5~8mm 정도이다. 꽃자루와 잎 양면에 털이 많다.

꽃자루와 잎의 털

물앵도나무

长白忍冬 chang bai ren dong | 인동과 | *Lonicera ruprechtiana* Regel | 낙엽관목

왕청현 천교령진 2017.6.1.

연변 지역과 백두산 해발 800m 이하의 숲 가장자리에 자란다. 키는 3m까지 자라고, 5월 중순부터 6월 중순까지 피는 황백색 꽃은 잎겨드랑이에 달린 꽃줄기 끝에 2개씩 달린다. 꽃줄기는 1~2cm이고, 꽃싸개잎은 선형으로 1cm 정도로 길다. 잎 표면에 털이 없거나 약간 있다.

열매

개벚지나무

斑叶稠李 ban ye chou li | 장미과 | *Prunus maackii* Rupr. | 낙엽교목

안도현 이도백하진(지북구) 황송포 습지 2017.5.29.

백두산 부근 해발 1200m 이하의 숲 가장자리에 자란다. 키는 10m까지 자라고, 5월 중순부터 6월 중순까지 피는 흰색 꽃은 새가지 끝에 여러 개가 뭉쳐 달린다. 수술이 꽃잎보다 길게 튀어나와 있으며, 잎 뒷면에 선점이 많은 것이 특징이다.

잎 뒷면 선점

큰애기나리

宝珠草 bao zhu cao | 백합과 | *Disporum viridescens* (Maxim.) Nakai | 다년초

왕청현 춘양진 노령 2006.5.20.

왕청현 춘양진 노령과 라자구 춘하 지역 등 연변 동쪽 지역의 숲속에서만 자란다. 키는 60cm까지도 자라고, 5월 중순부터 하순까지 피는 백록색 꽃은 가지 끝에 1~2개씩 달린다. 꽃잎 길이는 수술 길이의 2배가 넘고, 수술대와 꽃밥의 길이가 거의 같으며, 씨방과 암술대의 길이가 거의 같다. 이에 비해 애기나리(*D. smilacinum*)는 꽃잎 길이가 수술에 비해 약간 길며, 수술대의 길이가 꽃밥의 약 2배이고, 씨방의 길이는 암술대 길이의 절반이다.

애기나리

나도개감채

三花洼瓣花 san hua wa ban hua | 백합과

Gagea triflora (Ledeb.) Schult. & Schult. f. | 다년초

안도현 량강진 2007.5.20.

연변 지역 및 백두산의 숲속 그늘진 곳에 자라는 식물로 비교적 흔하게 볼 수 있다. 키는 30cm까지 자라고, 5월 중순부터 개화가 시작되어 해발 1300m 이상의 지역에서는 6월 초순까지도 꽃을 볼 수 있다. 흰색 바탕에 연둣빛 맥이 있는 꽃은 줄기 끝에 2~6개가 달린다. 개감채(*G. serotina*)가 원통형의 비늘줄기를 갖는 것에 비해 달걀 모양의 비늘줄기를 갖는 점이 다르다. 최근 연구에서는 개감채속(*Lloydia*)을 중의무릇속(*Gagea*)에 통합시켰다.

만주붓꽃

长白鸢尾 chang bai yuan wei | 붓꽃과 | *Iris mandshurica* Maxim. | 다년초

왕청현 대흥구진 2012.6.3.

연변 지역 숲 가장자리 또는 초원의 물기 많은 곳에 자란다. 키는 30cm까지 자라고, 5월 중순부터 하순까지 피는 연듯빛 노란색 꽃은 1~2개의 꽃줄기 끝에서 2개씩 달린다. 다른 붓꽃속 식물과는 달리 외화피에 노란색 털이 많다. 일조량에 영향을 받는 식물로 오전 10시에서 오후 3시까지만 만개한 꽃을 볼 수 있다.

| 세부 자생지|

왕청현(대흥구진), 연길시(삼도진), 안도현(풍산촌), 화룡시(동남촌, 와룡촌)

둥근잎눈까치밥나무

水葡萄茶藨子 shui pu tao cha biao zi | 까치밥나무과

Ribes procumbens Pall. | 낙엽관목

북백두(북파) 지하삼림 2017.5.30.

백두산 지하삼림, 이도백하진, 오십령 등 침엽수림의 습한 곳에 자란다. 키는 40cm까지 자라고, 5월 중순부터 하순까지 피는 붉은빛이 도는 연두색 꽃은 가지 끝과 잎겨드랑이에 6~12개씩 다소 위를 향해 달린다. 꽃받침통은 5갈래로 갈라지며 끝이 뒤로 젖혀지고, 꽃잎은 5개로 꽃받침갈래보다 짧다. 다른 까치밥나무에 비해 잎이 가장 얕게 갈라진다.

열매

홀아비꽃대

银线草 yin xian cao | 홀아비꽃대과 | *Chloranthus japonicus* Siebold | **다년초**

안도현 풍산촌 2019.6.2.

연변 지역 숲속의 그늘지고 물기 많은 곳에 자란다. 키는 40cm까지 자라고, 5월 중순부터 6월 초순까지 피는 흰색 꽃은 줄기 끝에 여러 개가 촘촘히 달린다. 꽃잎과 꽃받침잎은 없으며, 길이 5mm 정도의 흰색 실 같은 수술이 3개씩 달리고, 가운데 수술에는 노란색 꽃밥이 없다. 옥녀꽃대(*C. fortunei*)와 닮았으나, 옥녀꽃대는 가운데 수술에도 꽃밥이 달리며, 수술의 길이가 1~2cm로 좀 더 길다.

꽃

옥녀꽃대

앵초

櫻草 ying cao | 앵초과 | *Primula sieboldii* E. Morren | 다년초

화룡시 청호촌 2019.6.3.

연변 지역 숲속과 초원의 물기 많은 도랑 주변에 자란다. 키는 40cm까지 자라고, 5월 중순부터 6월 초순까지 피는 분홍색 꽃은 꽃줄기 끝에 7~20개가 우산 모양으로 달린다. 전체에 부드러운 털이 있다.

꽃

회리바람꽃

反萼银莲花 fan e yin lian hua | 미나리아재비과

Anemone reflexa Stephan | 다년초

안도현 이도백하진(지북구) 2009.6.2.

연변 전 지역 및 백두산 주변 숲속의 습한 곳에 자란다. 키는 30cm까지 자라고, 5월 중순부터 6월 초순까지 피는 연둣빛 흰색 꽃은 줄기 끝에 1~4개씩 달린다. 꽃잎은 없으며, 꽃잎처럼 보이는 연두색의 꽃받침잎은 5~6개로 뒤로 젖혀진다. 암술과 수술은 많으며, 암술은 녹색이고 수술은 노란색이다. 뿌리에서 나온 잎은 없으며, 꽃 아래 잎처럼 생긴 3개의 꽃싸개잎이 돌려난다. 바람꽃속 식물 가운데 꽃이 가장 작고, 꽃받침잎이 뒤로 젖혀지기 때문에 구분된다.

붉은참반디

红花变豆菜 hong hua bian dou cai | 산형과

Sanicula rubriflora F. Schmidt ex Maxim. | 다년초

화룡시 선봉령 2017.5.31.

연변 전 지역 및 백두산 해발 1400m 숲속의 습한 곳에 자란다. 키는 1m까지도 자라고, 5월 중순부터 6월 중순까지 피는 자주색 꽃은 줄기 끝에 1~3개의 우산 모양으로 달린다. 각 꽃차례는 15~20개의 수꽃과 3~7개의 양성화로 이루어져 있다. 뿌리에서 나는 잎은 3갈래로 완전히 갈라지고, 줄기에 달리는 잎은 줄기 끝에 2개가 마주보고 달린다.

꽃

선연리초

三脉山黧豆 san mai shan li dou
콩과 | *Lathyrus komarovii* Ohwi
다년초

왕청현 천교령진 2018.6.2.

연변 지역 및 백두산 주변의 풀밭이나 숲속에 자란다. 키는 70cm까지 자라고, 5월 중순부터 6월 중순까지 피는 보라색 꽃은 잎겨드랑이에 모여 달린다. 연리초(*L. quinquenervius*)에 비해 줄기 양쪽에 좁은 날개가 있으며, 턱잎이 더 넓고, 덩굴손이 없다.

턱잎

줄기

애기완두

矮山黧豆 ai shan li dou | 콩과 | *Lathyrus humilis* (Ser.) Spreng. | 다년초

왕청현 천교령진 2017.6.1.

왕청현에 자란다. 키는 30cm까지 자라고, 5월 하순부터 6월 하순까지 피는 자주색 꽃은 잎겨드랑이에 2~5개씩 달린다. 꽃받침 끝은 얕게 갈라지고, 잎은 2~4쌍의 작은 잎으로 달리며, 끝이 대개 덩굴손으로 되는데, 갈라지기도 한다.

턱잎

산부채

水芋 shui yu | 천남성과 | *Calla palustris* L. | 다년초

무송현 송강하진(지서구) 2008.6.11.

연변 지역과 백두산 주변의 습지 또는 물웅덩이에서 자란다. 개체수가 가장 많은 곳은 송강하진 일대이다. 키는 30cm까지 자라고, 5월 중순부터 6월 중순까지 피는 꽃은 꽃줄기 끝에 흰색 불염포에 싸여 나온다. 열매가 익고 나서도 불염포가 남아 있으며, 땅속줄기가 옆으로 길게 뻗는다.

은방울꽃

铃兰 ling lan | 백합과

Convallaria keiskei Miq. | 다년초

안도현 이도백하진(지북구) 내두산 2018.6.11.

연변 지역 및 백두산 일대의 숲속이나 양지바른 곳에 자란다. 키는 40cm까지 자라고, 지역에 따라 5월 중순부터 6월 중순까지 피는 흰색 꽃은 꽃줄기 끝에 여러 개가 달린다. 아래를 향해 피는 종 모양의 꽃에서는 은은한 향기가 난다. 중국식물지에서는 은방울꽃의 학명으로 *C. majalis*를 사용한다.

꽃

열매

좀미역고사리

东北水龙骨 dong bei shui long gu | 고란초과
Polypodium sibiricum Sipliv | 다년초

북백두(북파) 지하삼림 2017.5.30.

지하삼림에 자란다. 키는 25cm까지 자라고, 5월 중순부터 9월까지 포자가 달린다. 미역고사리(*P. vulgare*)에 비해 잎 너비가 5cm 이하로 좁고, 포자낭군이 잎 가장자리에 가깝게 붙는다.

포자낭군

가지괭이눈

多枝金腰 duo zhi jin yao | 범의귀과 | *Chrysosplenium ramosum* Maxim.
다년초

화룡시 선봉령 2017.5.31.

선봉령에 자란다. 키는 22cm까지 자라고, 5월 중순부터 6월 중순까지 피는 녹색 꽃은 줄기 끝에 여러 개가 모여 달린다. 꽃색이 녹색 바탕에 자갈색으로 피는 경우가 있어서 검정괭이눈으로 불리기도 한다. 잎은 마주나며, 꽃잎은 없고, 꽃잎처럼 보이는 4개의 꽃받침잎이 활짝 벌어지는 것이 특징이다.

시베리아괭이눈

五台金腰 wu tai jin yao | 범의귀과

Chrysosplenium serreanum Hand.-Mazz. | 다년초

무송현 만강진(지남구) 오십령 2019.6.7.

오십령에 자란다. 키는 20cm까지 자라고, 5월 하순부터 6월 하순까지 피는 노란색 꽃은 줄기 끝에 여러 개가 모여 달린다. 꽃잎은 없으며, 꽃잎처럼 보이는 꽃받침잎은 4개이고, 수술은 8개이다. 잎은 어긋나고, 줄기에 달리는 잎은 대개 1개이며, 꽃싸개잎은 노란색이다.

잎 꽃

뻐꾹채

漏芦 lou lu | 국화과 | *Rhaponticum uniflorum* (L.) DC. | 다년초

도문시 월청진 2006.5.28.

도문시와 왕청현의 절벽지대 또는 건조한 초원에 자란다. 키는 1m까지 자라고, 5월 하순부터 6월 초순까지 피는 보라색 꽃은 줄기 끝에 달린다. 전체에 흰 솜털이 빽빽하게 덮여 있고, 꽃은 모두 통꽃이다.

참오글잎버들

卷边柳 juan bian liu | 버드나무과 | *Salix siuzevii* Seem. | 낙엽소교목

안도현 이도백하진(지북구) 황송포 습지 2018.8.1.

황송포에 자란다. 키는 주로 3~4m까지 자라고, 5월에 잎보다 먼저 암꽃과 수꽃이 각각 다른 개체에 핀다. 잎 가장자리가 뒤로 말리는 특징을 갖는다.

잎갈나무

落叶松 luo ye song | 소나무과 | *Larix gmelinii* (Rupr.) Kuzen. | 낙엽교목

화룡시 청호촌 2017.5.28.

연변 전 지역에 자란다. 키는 35m까지 자라고, 5월 중순부터 피는 암꽃(암구화수)과 수꽃(수구화수)은 각각 가지 끝부분에 달린다. 바늘 모양 잎은 여러 개가 모여 달린다. 국내에 널리 식재된 일본잎갈나무에 비해 종자를 덮고 있는 비늘조각(종린, 실편)의 수가 적고, 그 모양이 넓은 오각형이며, 끝이 뒤로 말리지 않는 것이 특징이다.

암꽃(암구화수)

오각형 비늘조각

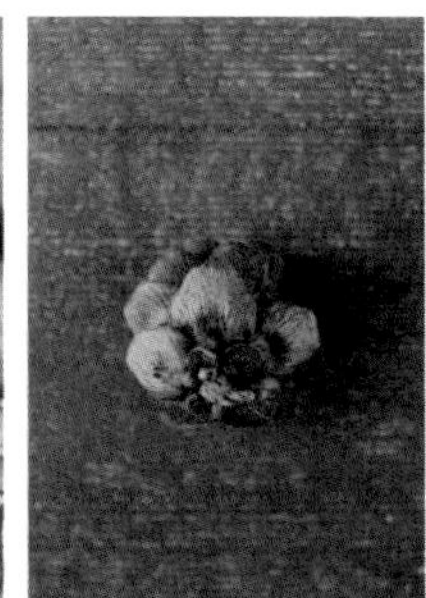

잎갈나무(좌)와
일본잎갈나무 열매(구과)

왕삿갓사초

大穗薹草 da sui tai cao | 사초과

Carex rhynchophysa Fisch., C. A. Mey. & Avé-Lall. | 다년초

안도현 이도백하진(지북구) 황송포 습지 2018.8.1.

황송포에 자란다. 키는 1m까지 자라고, 5월 하순부터 7월 중순까지 피는 꽃은 줄기 윗부분에 3~7개의 수꽃이 달리고, 아랫부분에 2~5개의 암꽃이 달린다. 잎의 너비가 1.5cm로 근연종에 비해 넓다.

물싸리풀

二裂委陵菜 er lie wei ling cai | 장미과

Sibbaldianthe bifurca (L.) Kurtto & T. Erikss. | 다년초

화룡시 청호촌 2019.6.3.

연변 지역의 초원 또는 길가의 물기 많은 곳에 자란다. 키는 20cm까지 자라고, 5월 하순부터 6월 중순까지 피는 노란색 꽃은 가지 끝에 여러 개가 달린다. 물싸리(*Potentilla fruticosa*)와 비슷하나, 물싸리는 나무이고, 물싸리풀은 풀이라는 점이 크게 다르다. 또한 물싸리풀은 최근 연구에 의해 양지꽃속(*Potentilla*)에서 *Sibbaldianthe*속으로 귀속되었다.

꽃

잎

발해바람꽃

乌德银莲花 wu de yin lian hua | 미나리아재비과

Anemone udensis Trautv. & C. A. Mey. | 다년초

돈화시 청구자향 2009.5.25.

연변 지역의 자생지로는 돈화시 청구자향과 흑룡강성 경박호 일대뿐이다. 숲속의 그늘진 곳에 자란다. 키는 40cm까지도 자라고, 5월 하순부터 6월 초순까지 피는 꽃은 줄기 끝에 1개가 달린다. 꽃잎은 없으며, 꽃잎처럼 보이는 흰색의 꽃받침이 5개이다. 3개의 작은 잎으로 된 잎 1개가 뿌리에서 나고, 꽃 아래에는 잎처럼 보이는 꽃싸개잎 3개가 돌려나며, 각각 3갈래로 완전히 갈라진다. 숲바람꽃(*A. umbrosa*)과 닮았으나, 꽃받침잎의 맥이 그물처럼 연결되어 있으며, 꽃싸개잎의 작은잎이 더 둥글다. 국내 미기록 식물이다.

숲바람꽃

阴地银莲花 yin di yin lian hua | 미나리아재비과

Anemone umbrosa C. A. Mey. | 다년초

안도현 신합향 2006.5.30.

연변 전 지역 숲속의 반건조한 곳에 자란다. 키는 30cm까지 자라고, 5월 하순부터 6월 중순까지 피는 꽃은 줄기 끝에 1개씩 달린다. 꽃잎은 없으며, 꽃잎처럼 보이는 흰색의 꽃받침잎이 주로 5개이다. 대체로 뿌리에서 나는 잎은 없으며, 꽃 아래 잎처럼 보이는 꽃싸개잎 3개가 돌려나는데 각각 3갈래로 완전히 갈라진다. 발해바람꽃(*A. udensis*)과 닮았으나, 꽃받침잎의 맥이 평행하다.

꽃

열매

실별꽃

细叶繁缕 xi ye fan lu | 석죽과 | *Stellaria filicaulis* Makino | 다년초

화룡시 청호촌 2009.6.3.

연변 지역의 습지 또는 물기 많은 곳에 자란다. 키는 50cm까지 자라고, 5월 하순부터 6월 중순까지 피는 흰색 꽃은 줄기 끝과 잎겨드랑이에 1개씩 달린다. 꽃잎은 5개이고, 2갈래로 깊게 갈라지며, 수술은 10개이고, 암술대는 3개이다. 잎은 실처럼 가늘어 길이 2~3cm, 너비 1~3mm이며, 가운데 맥이 살짝 들어가 있다. 긴잎별꽃(*S. longifolia*)과 닮았으나, 줄기가 매끈하고, 꽃잎의 길이가 꽃받침의 1.5~2배이다.

긴잎별꽃

长叶繁缕 chang ye fan lu | 석죽과 | *Stellaria longifolia* Muhl. ex Willd. | 다년초

화룡시 청호촌 2019.6.6.

화룡시에 자란다. 키는 25cm까지 자라고, 5월 하순부터 6월 하순까지 피는 흰색 꽃은 줄기 끝과 잎겨드랑이에 여러 개가 달린다. 꽃잎은 5개이고, 2갈래로 깊게 갈라지며, 수술은 10개이고, 암술대는 3개이다. 실별꽃(*S. filicaulis*)과 닮았으나, 꽃잎의 길이가 꽃받침과 같거나 약간 길고, 줄기가 거칠며, 많이 갈라지고, 잎겨드랑이에서도 짧은 가지가 나온다.

꽃

잎

개벼룩

种阜草 zhong fu cao | 석죽과 | *Moehringia lateriflora* (L.) Fenzl | 다년초

안도현 이도백하진(지북구) 황송포 습지 2017.5.29.

황송포와 선봉령에 자란다. 키는 20cm까지 자라고, 5월 하순부터 7월 초순까지 피는 흰색 꽃은 줄기 끝과 잎겨드랑이에 1~3개씩 달린다. 꽃잎의 길이는 꽃받침의 약 2배 정도이고, 수술은 10개로 수술대에 털이 있으며, 암술대는 3개이다.

꽃

나도옥잠화

七筋菇 qi jin gu | **백합과** | *Clintonia udensis* Trautv. & C. A. Mey. | **다년초**

안도현 이도백하진(지북구) 부석림 2007.6.1.

백두산 주변 해발 900~1700m 혼합수림의 습한 땅이나 이끼층이 형성된 바위지대에 자란다. 5월 하순부터 6월 중순에 걸쳐 저지대에서 고지대까지 순차적으로 개화한다. 키는 30cm 정도이고, 꽃줄기 끝에 여러 개의 흰색 꽃이 모여 달린다.

| 세부 자생지 |

· 이도백하진(황송포, 부석림, 쌍목봉)과 백두산 북쪽(지하삼림, 운동원촌), 장백현(24도구), 무송현(송강하진, 오십령), 화룡시(선봉령)

연영초

吉林延龄草 ji lin yan ling cao | 백합과
Trillium camschatcense Ker Gawl. | 다년초

북백두(북파) 지하삼림 2006.6.1.

연변 지역의 높은 산과 백두산 해발 1800m까지의 숲속 습한 곳에 자란다. 키는 50cm까지 자라고, 5월 하순부터 개화가 시작되어 6월 중순까지 꽃을 볼 수 있다. 뿌리에서 나온 1개의 줄기에 잎자루가 없는 3개의 잎이 돌려나고, 그 가운데에서 꽃줄기가 나와 1개의 흰색 꽃이 핀다. 울릉도에 분포하는 큰연영초(*T. tschonoskii*)는 꽃밥과 수술대의 길이가 비슷한 데 반해, 연영초 꽃밥의 길이는 수술대의 2배에 달한다.

꽃

| 세부 자생지 |

· 선봉령, 로수하진, 천양진, 백두산, 이도백하진, 량강진, 왕청현

선주름잎

弹刀子菜 dan dao zi cai | 현삼과

Mazus stachydifolius (Turcz.) Maxim. | 다년초

룽정시 일송정 2019.6.17.

연변 지역의 물기 많은 곳 또는 초원에 자란다. 키는 40cm까지도 자라고, 5월 하순부터 6월 중순까지 피는 연보라색 꽃은 줄기에 여러 개가 달린다. 줄기에 달린 잎에는 잎자루가 없다.

벌깨덩굴

荨麻叶龙头草 qian ma ye long tou cao | 꿀풀과

Meehania urticifolia (Miq.) Makino | 다년초

화룡시 선봉령 해발 1400m 2018.6.18.

연변 지역 및 백두산 주변 숲속 물기 많은 곳에 자란다. 키는 40cm까지도 자라고, 5월 하순부터 6월 중순까지 피는 보라색 꽃은 꽃줄기 위쪽 잎겨드랑이에서 한쪽을 향해 달린다. 꽃이 지고 나면 네모진 줄기가 땅으로 기면서 뿌리가 나와 번식하기도 해서 덩굴이라 한다.

구슬골무꽃

念珠根茎黄芩 nian zhu gen jing huang qin | 꿀풀과 | *Scutellaria moniliorhiza* Kom. | 다년초

무송현 만강진(지남구) 2019.6.14.

만강진과 장백현 지역의 양지바른 바위지대나 길가에 자란다. 키는 30cm까지 자라고, 5월 하순부터 7월까지 피는 보라색 꽃은 줄기 윗부분의 잎겨드랑이에 1개씩 달린다. 땅속줄기가 구슬을 엮어놓은 것처럼 생겨서 구슬골무꽃이라 한다.

꽃

바이칼꿩의다리

贝加尔唐松草 bei jia er tang song cao

미나리아재비과 | *Thalictrum baicalense* Turcz. | 다년초

안도현 이도백하진(지북구) 내두산 2012.6.13.

백두산 주변 내두산 또는 전천림장의 숲 가장자리 물기 많은 곳에 자란다. 키는 80cm까지 자라고, 5월 하순부터 6월까지 피는 흰색 꽃은 줄기 끝에 여러 개가 달린다. 꽃받침잎은 4개이고, 꽃잎은 없으며, 수술은 10~20개이고, 암술은 3~7개이다.

타래붓꽃

白花马蔺 bai hua ma lin | 붓꽃과

Iris lactea var. *chinensis* (Fisch.) Koidz. | 다년초

왕청현 배초구진 2017.6.1.

연변 지역의 햇빛이 잘 드는 물기 많은 초원에 자란다. 키는 40cm까지 자라고, 5월 하순부터 6월까지 피는 연한 보라색 꽃은 줄기 끝에 2~4개가 달린다. 잎이 1~2차례 꼬여 있어서 타래붓꽃이라 한다.

두루미꽃

舞鶴草 wu he cao | 백합과
Maianthemum bifolium (L.) F. W. Schmidt | 다년초

안도현 이도백하진(지북구) 황송포 습지 2012.6.10.

연변 지역의 해발 500m와 백두산 해발 1900m 혼합수림의 물기 많은 곳 및 숲 가장자리에 자란다. 키는 20cm까지 자라고, 2~3개의 잎이 줄기 윗부분에 달린다. 5월 하순부터 개화하여 백두산 고지대에는 7월 초순에도 꽃을 볼 수 있다. 줄기 끝에 흰색 꽃이 여러 개 달리고, 꽃잎이 4개, 수술이 4개이며, 암술머리는 2갈래로 갈라진다. 울릉도에 분포하는 큰두루미꽃(*M. dilatatum*)과는 잎의 털 유무와 잎 가장자리의 돌기 모양을 가지고 나누기도 하나, 최근의 연구에 의하면 북미에 분포하는 *M. canadense*를 포함하여 3종을 하나의 종으로 처리하는 것이 타당하고 한다. 또한, 큰두루미꽃의 암술머리도 2갈래로 갈라지기 때문에, 일부 문헌에서 3갈래로 갈라지는 점을 들어 두루미꽃과 구분하는 것은 맞지 않다.

| 개화시기별 탐사장소 |

- 5월 25일~6월 10일: 연길시, 왕청현, 화룡시, 룡정시, 선봉령, 도문시 산지
- 6월 11일~20일: 이도백하진, 황송포, 지하삼림, 오십령, 쌍목봉
- 6월 21일~7월 5일: 북백두 소천지, 백두산 해발 1900m 혼합수림

꽃

큰두루미꽃(울릉도)

M. canadense(북미)

6월

산작약(함박꽃)

草芍药 cao shao yao

미나리아재비과

Paeonia obovata Maxim. | 다년초

화룡시 선봉령 해발 1400m 2019.6.12.

연변 전 지역 및 백두산 해발 1900m 수목한계선 활엽수림의 물기 많은 양지바른 곳에 자란다. 대표적인 자생지는 왕청현 천교령진, 황송포, 오십령, 전천림장, 선봉령이다. 키는 70cm까지 자라고, 고도에 따라 5월 하순부터 6월 하순까지 피는 분홍색 꽃은 줄기 끝에 1개가 달린다. 꽃잎은 4~7개로 대체로 활짝 벌어지지 않는다. 잎은 작은잎이 9개 이하이며, 암술은 1~5개이고, 털이 없으며, 암술머리는 적색이다. 국내 멸종위기2급 식물이다.

북백두(북파) 소천지 2006.6.15.

호작약(털함박꽃)

芍药 shao yao | 미나리아재비과

Paeonia lactiflora var. *hirta* Regel

다년초

화룡시 숭선진 광평촌 2007.6.2.

연변 전 지역 초원 및 숲 가장자리의 반건조한 곳에 자란다. 개체수가 가장 많은 곳은 광평촌 일대이며, 다른 지역의 초원에서도 쉽게 볼 수 있다. 키는 90cm까지도 자라고, 5월 하순부터 6월 중순까지 흰색 또는 연한 분홍색 꽃이 줄기 끝과 잎겨드랑이에 여러 개가 달린다. 꽃잎은 9~13개이고, 잎은 작은잎이 9개 이상이며, 뒷면에 부드러운 털이 있다. 암술은 2~5개이고, 주로 털이 있으며, 암술머리는 노란색 또는 적색이다. 호작약과 참작약은 야생의 작약 1종(*P. lactiflora*)으로 통합하기도 한다.

흰꽃

노랑만병초

牛皮杜鹃 niu pi du juan | 진달래과 | *Rhododendron aureum* Georgi | 상록관목

북백두(북파) 해발 2100m 2013.6.10.

고산초원의 화원은 노랑만병초로부터 시작된다. 백두산 해발 1700m의 사스래나무 숲을 중심으로 5월 초순부터 개화하여 6월 중순이면 해발 2600m까지 연한 노란색 꽃을 피운다. 눈이 늦게 녹는 계곡에서는 7월 중순까지도 꽃을 볼 수 있다. 주로 물기가 많은 곳에 군락으로 자라며, 키는 1m까지 자란다. 연한 꽃잎이 비바람과 추위에 약해 만개한 시기를 잘 맞춰야 한다. 백두산의 북, 서, 남쪽 어느 곳을 찾아도 쉽게 볼 수 있지만, 그중 최대 군락을 자랑하는 곳은 서쪽 고산초원이다. 국내 멸종위기2급 식물이다.

남백두(남파) 해발 2200m 2011.6.15.

서백두(서파) 해발 2270m 2012.6.16.

황산차(담자리참꽃)

高山杜鹃 gao shan du juan | 진달래과
Rhododendron lapponicum (L.) Wahlenb. | 상록관목

남백두(남파) 해발 2200m 2011.6.15.

이도백하진(원지, 두만강 발원지), 무송현(백서림장), 장백현 일대 해발 800~1100m 지역의 물기 많은 곳에 자생한다. 키는 1m까지 자라고, 5월 중순부터 6월 중순까지 피는 진분홍색 꽃은 줄기 끝에 2~6개씩 달린다. 백두산 고산초원의 경우 6월에 노랑만병초와 함께 황산차가 화원을 이룬다. 해발 1900m 이상 광활한 초원에 군락을 형성하며, 암석지대 및 협곡 사면 등 어디든 잘 자라는 편이나, 백두산 북쪽과 남쪽에서만 볼 수 있다. 백두산 고산초원에 자라며 황산차에 비해 키가 작은 개체를 담자리참꽃으로 구분하기도 하나, 바람이 많은 곳에서는 땅에 누워 자라기에 같은 종으로 취급한다.

꽃

안도현 원지 2003.6.2.

북백두(북파) 해발 2200m 2016.6.13.

북백두(북파) 해발 2300m 2018.6.18.

큰솔나리

山丹 shan dan | 백합과 | *Lilium pumilum* Redouté | 다년초

화룡시 청호촌 2012.6.10.

연변 전 지역의 바위지대 및 양지바른 곳에 자란다. 최대군락지는 화룡시와 도문시의 바위지대이다. 키는 60cm 정도이고, 5월 중순부터 6월 하순까지 피는 주황색 꽃은 줄기 윗부분에 3~15개가 달린다. 솔나리라는 말은 소나무 잎처럼 바늘 모양의 잎을 가진 나리라는 의미이다.

| 개화시기별 탐사장소 |

· 5월 15일~30일: 훈춘시(경신진, 소판령)

· 6월 1일~15일: 연길시, 룡정시, 화룡시, 안도현, 왕청현

· 6월 15일~30일: 룡정시(백금향), 화룡시(숭선진, 광평촌)

나도범의귀

唢呐草 suo na cao | 범의귀과

Mitella nuda L. | 다년초

화룡시 선봉령 해발 1400m 2017.6.18.

백두산 주변 및 선봉령과 오십령 등 해발 1700m 숲속의 습한 곳에 자란다. 키는 25cm까지 자라고, 5월 중순부터 7월 초순까지 피는 연두색 꽃은 줄기 끝에 성기게 달린다. 꽃받침은 5개로 갈라지고, 갈라진 사이마다 깃털처럼 생긴 꽃잎이 나와 있다. 뿌리에서 나는 심장 모양의 잎 양면에는 털이 듬성듬성 나 있다. 열매는 익기도 전에 벌어져 있다가 다 익고 나면 활짝 벌어지는데, 그 안에 반짝이는 검은색 씨앗이 달린다.

| 개화시기별 탐사장소 |

- 5월 10일~30일: 이도백하진(내두산), 송강하진(전천림장, 개서림장)
- 6월 1일~15일: 북백두 지하삼림, 선봉령, 장백현, 남백두 해발 1200m
- 6월 16일~30일: 오십령, 백두산 해발 1700m

열매

애기풍선난초

布袋兰 bu dai lan | **난초과**

Calypso bulbosa var. *bulbosa* | **다년초**

무송현 만강진(지남구) 오십령 2017.6.11.

백두산 일대 침엽수림의 습한 곳에 자란다. 자생지가 한정되어 있고 예전에 비해 개체수도 많이 줄었다. 가장 많은 개체수를 자랑하던 북백두 지하삼림도 최근에는 운동원촌 주변에만 약 50개체가 남아 있을 뿐이다. 날씨에 따라 꽃이 피는 개체가 극감되는 경우도 있다. 세부 자생지는 북백두 지하삼림 및 운동원촌 일대와 오십령 해발 1500m, 남백두 해발 1400m의 침엽수림이다. 키는 20cm까지 자라고, 5월 하순부터 6월 초순까지 피는 분홍색 꽃은 뿌리에서 나오는 꽃줄기 끝에 1개가 달린다. 입술꽃잎 뒷부분이 부풀어 풍선처럼 생겼다 하여 풍선난초라 한다. 중국식물지에서는 중국(연변, 내몽골 등)에 분포하는 종을 일본에도 분포하는 풍선난초(*C. bulbosa* var. *speciosa*)라 하여 거가 길게 튀어나왔다고 설명하고 있으나, 연변 지역과 백두산의 것은 거가 튀어나오지 않은 애기풍선난초로 보인다.

입술꽃잎보다 짧은 거

입술꽃잎보다 긴 거(var. *occidentalis*)

세바람꽃

匐枝银莲花 fu zhi yin lian hua | 미나리아재비과

Anemone stolonifera Maxim. | 다년초

화룡시 선봉령 해발 1400m 2017.6.10.

연길시 삼도진과 선봉령 해발 1200m 이상 및 오십령 해발 1800m의 숲 양지바른 물가에 자라며, 개체수가 가장 많은 곳은 선봉령 일대이다. 키는 20cm 정도이고, 5월 하순부터 6월 하순부터 피는 꽃은 줄기 끝에 1~4개씩 달린다. 꽃잎은 없으며, 꽃잎처럼 보이는 흰색의 꽃받침잎은 주로 5개이다. 꽃이 3송이씩 핀다고 하여 세바람꽃이라 하지만, 그런 경우는 드물다.

꽃

흰양귀비

野罌粟 ye ying su | 양귀비과
Papaver nudicaule f. amurense
(N. Busch) H. Chuang | 다년초

왕청현 대흥구진 2013.6.5.

연길시, 왕청현, 도문시, 두만강변의 양지바른 곳에 자란다. 키는 60cm까지 자라고, 5월 하순부터 6월 중순까지 피는 흰색 꽃은 뿌리에서 나온 줄기 끝에 1개씩 달린다. 꽃봉오리는 땅을 향해 있으며, 2장의 꽃받침잎 표면에 많은 털이 있고, 잎은 뿌리에서 모여 난다. 흰양귀비의 기본종(*P. nudicaule*)은 형태적으로 매우 다양하여 꽃색(흰색, 노란색, 주황색, 빨간색)과 씨방 및 열매의 털 유무에 따라 여러 변종으로 구분하고 있다. 국내에서는 흰양귀비를 종으로 인정하고 있으나(*P. amurense*), 여기서는 중국식물지에서 꽃색이 흰색이며, 씨방과 열매에 털이 없이 연변 지역에 분포하고 있는 개체의 학명을 따랐다.

열매

왕별꽃

綫瓣繁缕 sui ban fan lu | 석죽과

Stellaria radians L. | 다년초

왕청현 대흥구진 2013.6.10.

연변 지역 및 백두산 주변의 강변과 숲 가장자리에 자란다. 키는 60cm까지 자라는데, 바로 서기도 하지만 주로 비스듬히 자란다. 5월 하순부터 7월 중순까지 피는 흰색 꽃은 줄기 끝과 잎겨드랑이에 모여 달린다. 별꽃속의 다른 식물에 비해 꽃잎이 5~7갈래로 갈라지므로 구분된다. 수술은 10개이고, 암술대는 3개이다. 전체에 누운 털이 있다. 최근 국내 분포가 확인되었다.

| 개화시기별 탐사장소 |

5월 20일~6월 10일: 훈춘시, 도문시, 룡정시, 연길시 전 지역

6월 11일~30일: 왕청현, 안도현, 돈화시 전 지역

7월 1일~30일: 이도백하진, 송강하진, 만강진 전 지역

오랑캐장구채

蔓茎蝇子草 wan jing ying zi cao
석죽과 | *Silene repens* Patrin ex Pers.
다년초

룡정시 삼합진 2006.6.5.

연변 전 지역과 백두산 해발 2200m의 고산초원까지 광범위하게 자라는 식물이다. 키는 50cm까지 자라고, 5월 하순부터 7월 중순까지 피는 흰색 꽃은 줄기 끝에 모여 달린다. 통 모양의 꽃받침은 분홍색으로 표면에 털이 있다. 꽃잎은 5개이며, 수술과 암술대가 다소 튀어나와 있다. 형태적으로 변이가 많다.

| 개화시기별 탐사장소 |

- 5월 20일~6월 10일: 훈춘시, 도문시, 룡정시, 연길시 전 지역
- 6월 11일~30일: 왕청현, 안도현, 화룡시, 돈화시, 장백현, 송강하진 전 지역
- 7월 1일~15일: 두만강 발원지, 쌍목봉, 백두산 고산초원 및 고산화원

애기원추리

小黃花菜 xiao huang hua cai | 백합과 | *Hemerocallis minor* Mill. | 다년초

화룡시 청호촌 2012.6.5.

연변 전 지역의 초원 및 들판의 반건조 지역에 자란다. 키는 1m까지 자라고, 5월 하순부터 6월 중순까지 피는 연한 노란색 꽃은 줄기 끝에 2~3개가 달린다. 꽃은 오후에 개화하며 꽃줄기가 갈라지지 않는 특징을 갖는다.

큰원추리

大苞萱草 da bao xuan cao | 백합과

Hemerocallis middendorffii Trautv. & C. A. Mey. | 다년초

왕청현 천교령진 2019.6.8.

왕청현에 자란다. 키는 80cm까지 자라고, 5월 하순부터 6월 중순까지 피는 진한 노란색 또는 주황색 꽃은 줄기 끝에 2~6개가 달린다. 꽃자루가 짧아서 꽃이 조밀하게 달리고, 꽃싸개잎이 넓은 달걀 모양이며, 끝이 뾰족하다.

난장이붓꽃

单花鸢尾 dan hua yuan wei | 붓꽃과 | *Iris uniflora* Pall. ex Link | 다년초

화룡시 2017.5.28.

연변 지역의 초원 또는 활엽수림의 숲속 및 반건조 지역에 자란다. 5월 하순부터 6월 중순까지 피는 보라색 꽃은 가느다란 꽃줄기 끝에 1개씩 달린다. 꽃을 싸고 있는 꽃싸개잎은 2개로, 노란빛이 도는 연두색이며 가장자리는 약간 붉다. 잎은 대개 길이 20cm까지 자라다가 열매가 맺히면 40cm까지도 자란다. 중국식물지에는 난장이붓꽃과 솔붓꽃(*I. ruthenica*)을 꽃싸개잎의 색과 질감, 모양을 토대로 별개의 종으로 나누고 있으나, 세부설명에는 난장이붓꽃은 솔붓꽃의 변이일 뿐이라고 강조하고 있다. 또한 솔붓꽃의 꽃줄기가 2~20cm의 길이를 갖는 것처럼 솔붓꽃은 형태적으로 다양한 변이폭을 갖고 있기 때문에 꽃줄기나 화통의 길이를 가지고 다른 종으로 나누는 것은 타당하지 않다고 한다. 특히 너비 2~6mm의 좁은 잎을 갖는 개체(*I. uniflora* var. *caricina*) 또한 별개로 처리하지 않았다.

좀설앵초

粉报春 fen bao chun | 앵초과 | *Primula farinosa* L. | 다년초

북백두(북파) 소천지 2012.6.12.

백두산 고산초원 및 수목한계선 일대 숲속 바위틈이나 햇빛이 잘 드는 메마른 땅에서도 자란다. 키는 17cm까지 자라고, 5월 하순부터 6월 하순까지 피는 분홍색 꽃은 꽃줄기 끝에 여러 개가 모여 달린다. 뿌리에서 모여 나는 잎의 뒷면은 노란 가루로 덮여 있다.

기존에 사용하던 좀설앵초의 학명(*P. sachalinensis*)은 일본 식물학자 나카이가 1932년 사할린의 식물을 가지고 신종으로 발표한 것인데, 이 종은 사할린 섬에만 있는 특산종이기 때문에 이 책에서는 중국식물지의 학명을 따랐다.

꽃

잎

세잎솜대

三叶鹿药 san ye lu yao | 백합과 | *Maianthemum trifolium* (L.) Sloboda | 다년초

안도현 이도백하진(지북구) 황송포 습지 2018.6.17.

주로 해발 750~1500m의 습지와 물기가 많은 곳에 군락을 형성하며 자란다. 키는 30cm까지 자라고, 5월 하순부터 6월 하순까지 피는 흰색 꽃은 털이 없는 줄기 끝에 달린다. 잎이 3개라 하여 세잎솜대라는 이름이 붙었지만 실제로는 2~5개까지의 잎을 갖는다.

| 개화시기별 탐사장소 |

- 5월 25일~6월 10일: 이도 습지
- 6월 10일~25일: 황송포
- 6월 25일~7월 5일: 선봉령 고산습지

꽃

민솜대

兴安鹿药 xing an lu yao | 백합과
Maianthemum dahuricum (Turcz. ex Fisch. & C. A. Mey.) La Frankie | 다년초

안도현 이도백하진(지북구) 황송포 습지 2012.6.12.

백두산을 중심으로 한 주변 지역에 자생하며, 해발 700m 이상 습지 또는 물기가 많은 곳에 자란다. 개체수가 가장 많은 곳은 천양 습지이다. 키는 60cm까지 자라고, 5월 하순부터 개화가 시작되어 고지대의 경우에는 7월 초순까지도 꽃을 볼 수 있다. 줄기 끝에 흰색 꽃이 여러 개 달린다. 잎은 6~12개이고, 줄기가 매끈한 개체도 있지만, 이름과는 다르게 주로 짧은 털이 많다.

| 개화시기별 탐사장소 |

· 5월 25일~6월 10일: 이도 습지, 천양 습지

· 6월 10일~20일: 황송포, 원지, 오십령 습지

· 6월 21일~7월 5일: 선봉령 고산습지

왕죽대아재비

丝梗扭柄花 si geng niu bing hua
백합과 | *Streptopus koreanus* (Kom.) Ohwi | 다년초

화룡시 선봉령 해발 1400m 2018.6.10.

백두산 일대 침엽수림 및 사스래나무 숲 아래 물기가 많은 곳에 자란다. 해발 1000m에서 2000m까지 넓게 분포한다. 키는 40cm까지 자라고, 5월 하순부터 7월 초순까지 피는 꽃은 잎겨드랑이에 달린다. 꽃자루는 굽지만 마디가 없으며, 연두색 꽃잎에 자주색 무늬가 있고, 수술대가 매우 짧아 꽃밥이 꽃잎에 바로 붙은 것처럼 보인다. 열매는 8월 초순에 붉은색으로 익는다. 꽃자루에 마디가 있거나 1회 구부러지는 특징을 가진 죽대아재비(*S. amplexifolius*)는 북한 및 일본(북해도), 러시아(사할린, 캄차카)에 자생하는 것으로 알려져 있으나, 조선식물지와 국가생물종목록에는 죽대아재비에 왕죽대아재비의 학명(*S. koreanus*)을 사용하고 있다.

| 개화시기별 탐사장소 |

- 5월 25일~6월 10일: 이도 습지
- 6월 10일~25일: 황송포
- 6월 25일~7월 5일: 선봉령 고산습지

꽃

열매

죽대아재비(꽃자루에 마디가 있음)

땃딸기

东方草莓 dong fang cao mei | 장미과 | *Fragaria orientalis* Losinskaja | 다년초

북백두(북파) 장백폭포 2003.7.1.

연변 지역 및 백두산 해발 1900m 수목한계선 길가의 물기 많은 곳에 자란다. 키는 5cm에서 30cm까지 자라고, 5월 하순부터 7월 중순까지 피는 흰색 꽃은 줄기 끝에 1~6개가 달리고, 작은잎 3개로 이루어진 잎을 갖는다. 잎 양면과 꽃줄기에 퍼진 털이 있고, 열매가 익었을 때 꽃받침이 뒤로 확 젖혀지지 않고 퍼지는 것이 특징이다. '땃'은 '땅'을 의미한다. 한라산에 자생하며 땃딸기에 비해 꽃줄기에 위를 향하는 털을 가진 개체를 흰땃딸기(*F. nipponica*)로 나누기도 하지만 WFO에서는 흰땃딸기의 학명을 확실히 인정하고 있지는 않다.

줄기털

열매

흰땃딸기(한라산)

초종용

列当 lie dang | 열당과 | *Orobanche coerulescens* Stephan ex Willd.
1년초 또는 2년초

룽정시 삼합진 2014.6.28.

연변 지역에 기주식물인 쑥이 자라는 모래땅에 잘 자란다. 키는 50cm까지 자라고, 줄기는 가지를 치지 않는다. 쑥속 식물에 기생하며, 5월 하순부터 6월 하순까지 피는 보라색 꽃은 줄기에 여러 개가 빽빽하게 달린다.

매발톱나무

黃芦木 huang lu mu | 매자나무과
Berberis amurensis Rupr. | 낙엽관목

화룡시 선봉령 2017.5.30.

백두산 주변 및 연변 지역 해발 1000m 이상의 숲속 또는 물가 옆에 자란다. 키는 3.5m까지 자라고, 5월 하순부터 7월 초순까지 피는 노란색 꽃은 가지 끝에 여러 개가 달린다. 턱잎이 변한 가시가 매의 발톱 같다 하여 매발톱나무라 한다. 열매가 원형인 매자나무(*B. koreana*)와 달리 열매가 타원형이다.

열매

가시

복주머니란

大花杓兰 da hua shao lan | **난초과** | *Cypripedium macranthos* Sw. | **다년초**

왕청현 천교령진 2019.6.8.

연변과 백두산 고산초원에 이르는 지역에 광범위하게 분포하며, 주로 상수리나무가 자라고 있으며 인위적으로 조성된 초원에 집중적으로 자란다. 특히 연변 지역에서는 다양한 형태와 색을 가진 변이개체들이 나타난다. 개화 시기는 5월 하순부터 6월 하순까지 지역과 날씨에 따라 많이 다르다. 줄기 끝에 1~2개로 달리는 꽃은 곁꽃잎이 거의 꼬여 있지 않으며, 붉은색, 분홍색, 연노랑색, 흰색 등으로 다양한 색을 보인다. 이를 여러 종(미색복주머니란, 장밋빛복주머니란, 레분복주머니란, 왕복주머니란 등)으로 나누기도 하였으나, 같은 개체가 해마다 다른 색의 꽃을 피우기도 하기에 모두 한 종으로 처리하고자 한다. 국내 멸종위기2급 식물이다.

| 개화시기별 탐사장소 |

· 5월 25일~6월 1일: 연길시(의란진, 삼도진), 룡정시(백금향), 화룡시, 안도현(풍산촌)

· 6월 2일~10일: 왕청현(천교령진), 안도현(만보진, 장흥촌)

· 6월 10일~20일: 이도백하진, 돈화시(액목)

· 6월 20일~30일: 백두산 고산화원, 고산초원

· 현재 개체수가 가장 많은 곳은 왕청현 천교령진과 화룡시 지역이며, 다른 지역은 환경의 변화와 훼손으로 인해 개체수가 감소하고 있다.

꽃

열매

왕청현 천교령진 2019.6.8.

왕청현 천교령진 2012.6.5.

연길시 삼도진 남장지촌 2012.6.2.

얼치기복주머니란

난초과 | *Cypripedium × ventricosum* Sw. | 다년초

화룡시 청호촌 2006.6.1.

복주머니란과 노랑복주머니란 사이의 자연교잡종으로 알려진 얼치기복주머니란은 노랑복주머니란처럼 곁꽃잎이 꼬여 있으며, 꽃잎과 꽃받침의 색은 복주머니란처럼 다양하다. 모종과의 역교배로 인해 색과 곁꽃잎이 꼬여 있는 정도가 다양한데, 그중 노랑복주머니란처럼 곁꽃잎이 꼬여 있으면서 주머니처럼 부푼 입술꽃잎의 색이 갈색인 개체를 산서복주머니란(*C. shanxiense*)으로 오동정하기도 한다. 그러나 산서복주머니란은 곁꽃잎이 꼬이지 않으며, 주머니처럼 부푼 입술꽃잎의 길이가 2cm 미만으로 작다. 산서복주머니란은 현재 자생지에서 찾아보기가 힘들다.

화룡시 청호촌 2006.6.1.

화룡시 청호촌 2006.6.1.

연길시 삼도진 남장지촌 2008.5.30.

연길시 삼도진 남장지촌 2009.6.6.

연길시 삼도진 남장지촌 2009.6.6.

화룡시 숭선진 광평촌 2010.6.18.

안도현 만보진 2008.6.8.

안도현 만보진 2008.6.8.

왕청현 천교령진 2009.6.5.

왕청현 천교령진 2009.6.5.

왕청현 천교령진 2009.6.5.

왕청현 천교령진 2009.6.5.

연길시 삼도진 남장지촌 2005.5.28.

털복주머니란

紫点杓兰 zi dian shao lan | 난초과 | *Cypripedium guttatum* Sw. | 다년초

왕청현 천교령진 2018.6.10.

연변 지역의 상수리나무 아래 및 백두산 해발 2000m의 혼합수림과 고산초원에 자란다. 키는 30cm까지 자라고, 5월 하순부터 7월 중순까지 피는 꽃은 줄기 끝에 1개가 달린다. 꽃은 흰 바탕에 자주색 무늬를 가지며, 간혹 흰색으로만 피기도 한다. 잎은 2개이지만, 드물게 3개이고 마르면 검게 변한다. 전체에 털이 있으며, 땅속줄기는 가늘게 옆으로 뻗는다. 국내 멸종위기1급 식물이다.

| 개화시기별 탐사장소 |

- 5월 30일~6월 15일: 연길시(삼도진, 의란진), 룡정시(백금향), 화룡시, 안도현(신합향, 만보진, 장흥촌), 왕청현(천교령진)
- 6월 20일~7월 10일: 오십령, 백두산 전역 고산초원 해발 2200m 이하, 수목한계선

북백두(북파) 해발 2050m 2003.7.6.

서백두(서파) 해발 2270m 2012.6.16.

흰꽃 북백두(북파) 해발 1950m 소천지 상부 2016.7.7.
지금까지 관찰한 바로는 소천지 상부 수목한계선 지역에서만 약 30개체 정도가 흰색 꽃을 피운다.

넌출월귤(애기월귤)

红莓苔子 hong mei tai zi
진달래과 | *Vaccinium oxycoccus* L.
상록관목

안도현 이도백하진(지북구) 황송포 습지 2008.6.10.

해발 800m 이상의 습지에서만 무리를 지어 자란다. 5월 하순부터 7월 중순까지 이도 습지에서 가장 먼저 개화가 시작되어 천양진, 황송포, 오십령, 선봉령 고산습지 순으로 꽃을 관찰할 수 있다. 키는 15cm까지 자라고, 줄기는 옆으로 기면서 80cm까지 자란다. 줄기 끝이나 잎겨드랑이에서 나온 꽃줄기에 분홍색 꽃이 1~4개씩 달린다. 열매는 8월 초순에 붉은색으로 익으며, 다음해까지도 남아 있다. 넌출월귤에 비해 전체가 작고 꽃줄기에 털이 없는 개체를 애기월귤(*V. microcarpum*)로 구분하기도 하지만, 연속변이로 보이므로 통합하고자 한다.

| 조선식물지 |

· 북부(백암, 무산) 고산의 습한 땅에 자생

열매

애기월귤로 구분하던 개체(열매)

장지석남 (각시석남, 애기석남)

青姬木 qing ji mu | 진달래과

Andromeda polifolia L. | 상록관목

화룡시 선봉령 고산습지 2010.6.5.

북반구의 한대 지역에 넓게 분포하는 극지식물로 해발 1500m 이상 고산습지에서만 개체수가 약 100만에 달할 정도로 군락을 형성하며 자란다. 키는 30cm까지 자라고, 꽃은 6월 초순부터 개화하여 약 보름간 관찰이 가능하다. 분홍색 또는 흰색 꽃이 가지 끝에 여러 개 달린다.

| 조선식물지 |

· 북부(량강도 백암, 함북 무산시)의 고산 습한 땅에 자생

꽃

열매

백산차

杜香 du xiang | 진달래과 | *Ledum palustre* L. | 상록관목

안도현 이도백하진(지북구) 황송포 습지 2007.6.10.

해발 700m 이상 습지 주변 또는 물기가 많은 곳에 잘 자라며, 자생지 범위는 모두 백두산 주변(이도백하진〔이도 습지, 황송포, 쌍목봉〕, 무송현〔만강진 오십령〕, 장백현〔24도구〕)이다. 키는 50cm까지 자라고, 6월 초순부터 피는 흰색 꽃은 줄기 끝에 여러 개가 달린다. 전체에서 향기가 나기 때문에 예로부터 어린잎을 말려 차로 이용하였다.

| 조선식물지 |

· 북부(량강도, 함경남북도) 고산 고원지대 자생

꽃

좁은백산차

小叶杜香 xiao ye du xiang | 진달래과

Ledum palustre var. *decumbens* Aiton | 상록관목

안도현 이도백하진(지북구) 황송포 습지 2018.6.16.

백산차는 잎의 형태에 따라 여러 변종으로 나누다가 최근에는 종내 변이로 간주하여 따로 구분하지 않는다. 그러나 잎이 길이 2cm, 너비 1~2mm 정도인 좁은백산차는 백산차에 비해 잎의 형태 이외에도 자생지나 개화시기가 다르기 때문에 백산차의 변종으로 처리하는 것을 지지한다. 좁은백산차는 선봉령 및 황송포 일대에 자라며, 백산차보다 약 열흘 늦게 개화한다.

꽃

열매

홍월귤

红北极果 hong bei ji guo | 진달래과

Arctous rubra (Rehder & E. H. Wilson) Nakai | 낙엽관목

북백두(북파) 해발 2000m 2011.6.3.

백두산 북쪽으로 해발 1800m 이상 수목한계선의 사스래나무 숲 아래에 자생하며, 남쪽으로는 해발 2100m 고산초원에 자생한다. 개화 기간도 짧고 꽃이 피는 개체가 전체 1%밖에 되지 않아 꽃을 보기가 쉽지 않다. 개체수가 가장 많은 곳은 북백두 은아봉 하단 사스래나무 숲과 덤불오리나무 숲이며, 서쪽에서는 아직 자생지 확인이 되지 않았다. 키는 20cm까지도 자라고, 6월 초순부터 중순까지 피는 황백색 꽃은 줄기 끝에 2~5개씩 달린다. 8월에 열매가 붉은색으로 익을 때 잎 또한 붉게 물든다. 국내 멸종위기2급 식물이다.

북백두(북파) 해발 1600m 2003.6.30.

월귤

越桔 yue ju | 진달래과

Vaccinium vitis-idaea L. | 상록관목

이도백하진(황송초, 부석림, 쌍목봉, 원지)의 습지 주변과 백두산 고산초원에 자란다. 고산초원의 경우는 바위지대 같은 거친 땅에서도 잘 자란다. 키는 30cm까지도 자라며, 6월 초순에 저지대부터 개화가 시작되어 고산초원에서는 7월 중순까지도 꽃을 볼 수 있다. 흰색 또는 분홍색 꽃은 가지 끝에 2~8개씩 달리고, 열매는 8월 초순에 붉은색으로 익는다.

열매

들쭉나무

笃斯越桔 du si yue ju | 진달래과 | *Vaccinium uliginosum* L. | 낙엽관목

북백두(북파) 해발 2300m 2003.6.30.

백두산 고산초원과 선봉령 고산습지, 이도백하진(이도 습지, 황송포, 원지), 오십령의 물기 많은 곳에 자란다. 해발 700m 이상인 곳에서는 키가 1m 이상 자라지만, 고산초원의 경우 약 30cm 정도로 작게 자란다. 저지대 경우 6월 초순부터 개화하여 고산초원은 7월 초순이 되어야만 완전히 개화하는 모습을 볼 수 있다. 붉은빛이 도는 흰색 꽃 1~3개가 가지 끝에 모여 달린다. 열매는 8월 초순에 익으며, 저지대에 나는 것은 쓴맛이 강하게 나지만 고산초원의 것은 쓰지 않고 새콤달콤해서 이것으로 들쭉술을 담는다.

열매

| 조선식물지 |

· 북부(함경남북도, 량강도), 중부(금강산)에 자생

분홍노루발

红花鹿蹄草 hong hua lu ti cao | 진달래과

Pyrola asarifolia subsp. incarnata (DC.) Haber & Hir. Takah. | 상록아관목

안도현 이도백하진(지북구) 부석림 2010.6.10.

백두산 주변 숲 가장자리의 습한 곳 및 북백두 지하삼림의 해발 1500m까지 자란다. 키는 25cm까지 자라고, 6월 초순부터 하순까지 피는 분홍색 꽃은 줄기 끝에 7~15개가 달린다. 다른 노루발속 식물들에 비해 꽃이 분홍색인 특징을 갖는다.

| 개화시기별 탐사장소 |

- 6월 6일~15일: 이도백하진(부석림, 쌍목봉)
- 6월 16일~30일: 북백두 지하삼림, 남백두 해발 1200m

호노루발

兴安鹿蹄草 xing an lu ti cao
진달래과 | *Pyrola dahurica* (Andres) Kom. | 상록아관목

무송현 만강진(지남구) 오십령 2017.7.20.

연길시 모아산, 선봉령, 백두산 해발 1800m 수목한계선까지의 침엽수림 및 혼합수림 아래 그늘진 곳에 자란다. 키는 23cm까지 자라고, 꽃차례의 길이는 4~10cm이며, 6월 중순부터 7월 하순까지 피는 흰색 꽃은 줄기 끝에 5~10개가 달린다. 주걱노루발(*P. minor*)과는 꽃받침잎이 피침형인 점이 다르다.

| 개화시기별 탐사장소 |

· 6월 15일~30일: 연길시 모아산, 선봉령 해발 1200m
· 7월 1일~15일: 오십령 해발 1500m, 북백두 지하삼림, 운동원촌 일대
· 7월 16일~25일: 수목한계선 해발 1800m 지점

꽃받침

주걱노루발

短柱鹿蹄草 duan zhu lu ti cao | 진달래과 | *Pyrola minor* L. | 상록아관목

안도현 이도백하진(지북구) 쌍목봉 2008.6.30.

현재까지 선봉령, 이도백하진(쌍목봉), 오십령 해발 1000m 이상의 숲속 습한 곳에서 자생을 확인하였다. 키는 20cm까지 자라고, 6월 하순부터 7월 초순까지 피는 흰색 꽃은 줄기 끝에 7~16개가 총상으로 달린다. 다른 노루발속 식물들에 비해 꽃받침잎이 넓은 삼각형인 특징을 갖는다.

콩팥노루발

肾叶鹿蹄草 shen ye lu ti cao
진달래과 | *Pyrola renifolia* Maxim.
상록아관목

무송현 만강진(지남구) 오십령 2008.7.5.

백두산 및 주변의 숲속 그늘진 곳 또는 습지 주변에 자란다. 현재까지 알려진 자생지는 이도백하진(황송포, 내두산, 부석림), 오십령, 백두산 지하삼림과 해발 1800m 수목한계선이다. 키는 20cm까지 자라고, 6월 하순부터 7월 중순까지 피는 연둣빛의 흰색 꽃은 줄기 끝에 1~6개가 달린다. 다른 노루발속 식물들에 비해 잎이 콩팥 모양인 특징을 갖는다.

꽃

홀꽃노루발

独丽花 du li hua | 진달래과 | *Moneses uniflora* (L.) A. Gray | 상록성 다년초

안도현 이도백하진(지북구) 부석림 2017.6.20.

백두산 일부 지역 숲속의 그늘진 곳에 자란다. 예전에는 북백두 지하삼림에 많은 개체가 자생하였으나, 숲이 건조해지면서 대부분 사라지고 현재는 2~3개체만이 남아 있다. 부석림에서는 1개체를 확인하였다. 키는 10cm까지 자라고, 6월 중순부터 하순까지 피는 흰색 꽃은 줄기 끝에 1개가 달린다. 홀꽃노루발속에는 홀꽃노루발 1종만이 있으며, 다른 노루발들에 비해 줄기 끝에 1개의 꽃이 달리는 특징을 갖는다.

새끼노루발

单侧花 dan ce hua | 진달래과 | *Orthilia secunda* (L.) House | 상록아관목

연길시 모아산 2014.6.20.

백두산 주변 또는 연길시 모아산 일대에서만 자생을 확인하였다. 키는 14cm 정도이고, 6월 중순부터 7월 초순까지 피는 녹색빛이 도는 흰색 꽃은 줄기 끝에 4~15개가 달린다. 다른 노루발들에 비해 꽃이 한쪽으로 치우쳐 달리는 특징을 갖는다. 잎은 줄기에 달리고, 꽃이 필 때는 꽃줄기가 휘어져 있으나, 열매가 맺힐 때 꽃줄기는 바로 선다.

| 개화시기별 탐사장소 |

- 6월 10일~20일: 연길시 모아산
- 6월 15일~7월 10일: 이도백하진(황송포, 부석림)

열매

댕댕이나무

蓝果忍冬 lan guo ren dong | 인동과 | *Lonicera caerulea* L. | 낙엽관목

화룡시 선봉령 해발 1400m 2018.6.10.

선봉령 일대를 비롯하여 황송포 습지 주변에 자란다. 키는 1.5m까지 자라고, 6월 초순부터 중순까지 피는 황백색 꽃은 가지 끝의 잎겨드랑이에 2개씩 달린다. 하얀 가루로 덮이는 열매는 타원형이며, 2개의 꽃에서 나온 열매가 융합하여 1개로 보인다.

꽃

열매

배암나무

朝鲜荚蒾 chao xian jia mi | 산분꽃나무과

Viburnum koreanum Nakai | 낙엽관목

화룡시 선봉령 해발 1400m 2019.6.17.

선봉령, 북백두 지하삼림, 오십령 등지의 숲 가장자리 물기 많은 곳에 자란다. 키는 2m까지 자라고, 6월 초순부터 7월 중순까지 피는 흰색 꽃은 가지 끝에 2개의 잎 사이에서 나온 꽃줄기에 우산 모양으로 달린다. 백당나무(*V. opulus* subsp. *calvescens*)와 닮았으나 꽃이 모두 양성화인 점이 다르다.

열매

백당나무

鸡树条 ji shu tiao | 산분꽃나무과

Viburnum opulus subsp. *calvescens* (Rehder) Sugim.| 낙엽관목

왕청현 천교령진 2016.6.4.

연변 지역 해발 400m 이상과 백두산 주변 해발 1000m 이하의 물기 많은 곳에 자란다. 키는 4m까지 자라고, 6월 초순부터 중순까지 피는 흰색 꽃은 가지 끝에 모여 달린다. 꽃차례 가장자리에 열매를 맺지 못하는 장식화가 핀다.

열매

홍괴불나무

紫花忍冬 zi hua ren dong | 인동과
Lonicera maximowiczii (Rupr.) Regel | 낙엽관목

안도현 이도백하진(지북구) 황송포 습지 2017.6.4.

선봉령의 해발 1300m 이상과 황송포, 부석림, 만강, 오십령의 해발 1500m 이하에 자란다. 키는 3m까지 자라고, 6월 초순부터 중순까지 피는 홍자색 꽃은 햇가지의 잎겨드랑이에 2개씩 달린다. 열매는 2개가 거의 합쳐져 붉게 익는다. 꽃색과 꽃자루의 길이 및 잎 모양에 변이가 많다. 홍자색 꽃을 피우는 흰괴불나무(*L. tatarinowii*)와 닮았으나, 흰괴불나무의 잎 뒷면은 회백색을 띤다.

함경딸기

北悬钩子 bei xuan gou zi | 장미과 | *Rubus arcticus* L. | 다년초

안도현 이도백하진(지북구) 황송포 습지 2017.5.29.

원지, 황송포 습지 주변에 자란다. 키는 30cm까지 자라고, 6월 초순부터 7월 초순까지 피는 분홍색 꽃은 줄기 끝에 1개씩 달린다. 줄기에 가시가 없으며, 털이 많다. 잎은 작은잎 3개로 이루어져 있다.

열매

지치

紫草 zi cao | 지치과 | *Lithospermum erythrorhizon* Siebold & Zucc. | 다년초

왕청현 배초구진 중앙촌 2018.6.2.

연변 지역 초원의 양지바른 곳에 자란다. 키는 70cm까지 자라고, 6월 초순부터 중순까지 피는 흰색 꽃은 줄기 끝에 여러 개가 달린다. 전체에 털이 많고, 검붉은색 뿌리는 보라색 염료 및 약으로 쓴다.

부지깽이나물

糖芥 tang jie | 십자화과 | *Erysimum amurense* Kitag. | 다년초

룡정시 백금향 2017.6.1.

연변 지역의 바위 절벽이나 거친 땅에 자란다. 개체수가 가장 많은 곳은 두만강 변으로 개산툰진, 삼합진, 백금향, 남평진, 숭선진 지역이다. 키는 1m까지 자라고, 6월 초순부터 중순까지 피는 노란색 꽃은 줄기 끝에 여러 개가 달린다. 우리가 흔히 나물로 먹는 울릉도 특산품 부지깽이나물은 국화과의 섬쑥부쟁이(*Aster pseudoglehni*)를 말한다.

가는장대

花旗杆 hua qi gan | 십자화과

Dontostemon dentatus (Bunge) C. A. Mey. ex Ledeb. | 다년초

룽정시 백금향 2014.6.21.

연변 지역의 초원 및 숲 가장자리에 자란다. 키는 60cm까지도 자라고, 줄기는 곧게 서며, 윗부분에서 가지가 갈라진다. 6월 초순부터 하순까지 피는 연보라색 또는 흰색 꽃은 줄기 끝과 윗부분의 잎겨드랑이에 여러 개가 달린다. 잎은 피침형이다.

꽃

흰꽃

우수리꽃다지

乌苏里葶苈 wu su li ting li | 십자화과 | *Draba ussuriensis* Pohle | 다년초

북백두(북파) 장백폭포 2010.6.10.

백두산 해발 1600m 이상의 숲 가장자리 및 고산초원 바위틈에 자란다. 키는 15cm 정도이고, 6월 초순부터 7월 초순까지 피는 흰색 꽃은 줄기 끝에 5~17개가 달린다. 줄기 아래에는 작년에 나온 잎이 갈색으로 변해 남아 있고, 줄기에 있는 별 모양의 털은 줄기 위쪽으로 갈수록 없어진다. 잎은 가장자리가 매끈하거나 1~3개의 거치가 있으며, 털이 많다. 줄기에 6~14개의 잎이 달리는 구름꽃다지(*D. daurica*)에 비해 1~4개의 잎이 달린다.

참대극

林大戟 lin da ji | *Euphorbia lucorum* Rupr. | 다년초

왕청현 천교령진 2019.6.8.

연변 지역의 반건조한 땅에 자란다. 키는 80cm까지 자라고, 6월 초순부터 중순까지 피는 황록색 꽃은 줄기 끝에 우산 모양으로 달리며, 잔 모양의 꽃차례에 1개의 암꽃과 여러 개의 수꽃, 길쭉한 타원형의 꿀샘(선체) 4개가 있다. 줄기 아래쪽에 달린 잎은 어긋나며, 위쪽에 꽃차례가 시작되는 부분의 잎(꽃싸개잎)은 4~8개가 돌려난다. 각 잔 모양의 꽃차례를 받치고 있는 꽃싸개잎에 잔톱니가 있으며, 씨방과 열매 겉에 닭 벼슬 같은 돌기가 있다.

열매

설령쥐오줌풀

黑水缬草 hei shui xie cao | 마타리과

Valeriana amurensis P. Smirn. ex Kom. | 나년초

왕청현 천교령진 2017.6.1.

백두산 해발 800~1600m의 양지바른 곳에 자란다. 키는 1.5m까지 자라고, 6월 초순부터 하순까지 피는 분홍색 꽃은 줄기 끝에 여러 개가 모여 달린다. 쥐오줌풀(*V. fauriei*)에 비해 줄기 윗부분과 꽃차례에 털이 있다는 차이만 있다. 쥐오줌풀은 형태적으로 다양한 변이를 보이기 때문에 설령쥐오줌풀과의 면밀한 연구가 필요하다.

누운제비꽃

溪堇菜 xi jin cai | 제비꽃과 | *Viola epipsiloides* A.Löve & D.Löve | 다년초

화룡시 선봉령 2012.6.14.

선봉령 지역 숲의 그늘지고 물기 많은 곳에 자란다. 키는 20cm까지 자라고, 땅속줄기가 옆으로 기며 마디에서 주로 2개의 잎과 1개의 꽃줄기가 나온다. 6월 초순부터 7월 초순까지 피는 연보라색 꽃은 꽃줄기 끝에 1개씩 달린다. 꿀주머니(거)는 꽃받침보다 짧고, 옆 꽃잎(곁꽃잎)에 다소 털이 있다. 잎은 둥근 심장형으로 잎맥을 따라 골이 깊으며, 윗면에는 털이 없고 뒷면에는 털이 있다가 나중에는 맥 위에만 남아 있다.

꽃

왜졸방제비꽃

库叶堇菜 ku ye jin cai | 제비꽃과 | *Viola sacchalinensis* H. Boissieu | 다년초

화룡시 선봉령 해발 1400m 2019.6.5.

선봉령 해발 1200m 이상과 백두산 해발 2200m의 고산초원까지 폭넓게 자란다. 키는 5cm 정도였다가 열매가 맺히면 20cm 이상으로 자란다. 뿌리에서 나온 줄기에 잎과 꽃이 달린다. 6월 초순부터 7월 초순까지 피는 연보라색 꽃은 꽃줄기 끝에 1개씩 달린다. 옆 꽃잎 안쪽에 털이 있고, 암술머리에 돌기가 있다. 잎은 둥근 심장 모양이고 가장자리에 얕은 톱니가 있다. 옆 꽃잎(곁꽃잎) 안쪽에 털이 없고 암술머리에 돌기가 없는 것을 변종(참졸방제비꽃, *V. sacchalinensis* var. *alpicola*)으로 처리하기도 하고, 왜졸방제비꽃에 통합하기도 한다.

꽃고비

尖裂花荵 jian lie hua ren | 꽃고비과

Polemonium caeruleum var. *acutiflorum* (Willd. ex Roem. & Schult.) Ledeb. | 다년초

왕청현 천교령진 2019.6.8.

연변 지역 및 백두산 주변 초원과 숲 가장자리에 자란다. 키는 1m까지 자라고, 6월 초순부터 7월 중순까지 피는 보라색 또는 흰색 꽃은 줄기 끝에 여러 개가 달린다. 꽃잎 바깥쪽에 털이 있으며, 꽃잎이 약간 뾰족하다. 꽃잎에 털이 없으며 꽃잎의 모양이 보다 둥근 변이종과 함께 *P. caeruleum*의 변종으로 취급되지만 지역적으로 형태적 변이가 많아서 학자 간 여러 학명이 쓰인다.

| 개화시기별 탐사장소 |

- 6월 1일~20일: 이도백하진, 왕청현(천교령진), 량강진, 연길시(삼도진, 의란진)
- 6월 21~7월 20일: 오십령 해발 1500m

꽃

잎

흰꽃

꽃쥐손이(털쥐손이풀)

毛蕊老鸛草 mao rui lao guan cao | 쥐손이풀과

Geranium platyanthum Duthie | 다년초

화룡시 청호촌 2017.5.28.

연변 지역 및 백두산 해발 1800m의 양지바른 곳에 자란다. 키는 70cm까지 자라고, 6월 초순부터 7월 하순까지 피는 분홍색 또는 흰색 꽃은 줄기 끝에 2~10개씩 우산 모양으로 달린다. 수술대를 더불어 전체에 거친 털이 많고, 잎은 크게 둥근 오각형으로 5~7갈래로 갈라져 있다.

흰꽃

콩버들

多腺柳 duo xian liu | 버드나무과 | *Salix nummularia* Andersson | 낙엽관목

북백두(북파) 해발 2500m 2014.6.8.

백두산 고산초원에 자란다. 줄기는 땅 위를 낮게 기며 80cm까지도 자란다. 6월 초순부터 중순까지 암수딴그루에 피는 암꽃과 수꽃은 꼬리 모양으로 달리며, 잎과 함께 나온다. 수꽃에는 2개의 수술이 있으며, 암꽃에 있는 1개의 짧은 암술대는 2갈래로 갈라지고 다시 각각 2개의 암술머리로 갈라진다. 줄기 마디에서 뿌리가 나오고, 잎은 둥글며 가장자리에 톱니가 없이 매끈하며 윤기가 있다.

열매

꽃

진퍼리버들

越桔柳 yue ju liu | 버드나무과 | *Salix myrtilloides* L. | 낙엽관목

이도백하진(지북구) 황송포 습지 2017.6.15.

이도백하진(황송포)과 선봉령 고산습지에 자란다. 키는 1m까지 자라고, 6월 초순부터 하순까지 암수딴그루에 피는 암꽃과 수꽃은 꼬리 모양으로 달리며, 잎과 함께 나온다. 수꽃에는 2개의 수술이 있으며, 암꽃에 있는 1개의 짧은 암술대는 2갈래로 갈라지고 다시 각각 2개의 암술머리로 갈라진다. 잎은 털이 없으며, 가장자리가 매끈하고 뒷면이 희다. 진퍼리는 진펄(진땅)을 의미한다.

수꽃

눈산버들(난장이버들)

长圆叶柳 chang yuan ye liu | 버드나무과

Salix divaricata var. *metaformosa* (Nakai) Kitag. | 낙엽관목

서백두(서파) 해발 2250m 2019.6.16.

백두산 고산초원에 자란다. 80cm까지 자라는 줄기는 땅을 기며 비스듬히 선다. 6월 초순부터 하순까지 암수딴그루에 피는 암꽃과 수꽃은 꼬리 모양으로 달리며, 잎과 함께 나온다. 수꽃에는 2개의 수술이 있으며, 암꽃에 있는 1개의 암술대는 적색으로 뚜렷하게 구별되고, 암술머리는 2갈래로 갈라진다. 잎은 타원형으로 털이 없으며, 가장자리에 얕은 톱니가 있다. 암술머리가 4갈래로 갈라진 난장이버들(*S. divaricata* var. *orthostemma*)은 눈산버들에 통합되었다.

수꽃

오미자

五味子 wu wei zi | 오미자과

Schisandra chinensis (Turcz.) Baill.

낙엽덩굴나무

이도백하진(지북구) 내두산 2010.6.9.

연변 지역 및 백두산 주변 해발 1000m 이하 숲 가장자리의 햇빛이 잘 드는 곳에 자란다. 가지가 많이 갈라지는 줄기는 덩굴성으로 길이 10m까지 자란다. 6월 초순부터 중순까지 암수딴그루에 피는 분홍빛 흰색 암꽃과 수꽃은 잎겨드랑이에 달린다.

열매

큰괴불주머니

巨紫堇 ju zi jin | 현호색과 | *Corydalis gigantea* Trautv. & C. A. Mey. | 다년초

무송현 만강진(지남구) 오십령 습지 2010.6.9.

오십령 해발 1400m 이상의 계곡 또는 습지 주변에 자란다. 키는 1.2m까지도 자라고, 6월 초순부터 중순까지 피는 자주색 꽃은 줄기 끝에 여러 개가 달린다. 다른 현호색속 식물들에 비해 키가 큰 대형종이다.

넓은잎까치밥나무

闊叶茶藨子 kuo ye cha biao zi | 까치밥나무과

Ribes latifolium Jancz. | 낙엽관목

화룡시 선봉령 해발 1400m 2017.6.10.

백두산 지하삼림, 오십령, 선봉령 등 해발 1300m 이상 침엽수림의 습한 곳에 자란다. 키는 2m까지 자라고, 6월 초순부터 중순까지 피는 홍색-황록색 꽃은 가지 끝과 잎겨드랑이에 6~20개가 달린다. 꽃받침통은 5갈래로 갈라지며 끝이 뒤로 살짝 젖혀져 꽃잎처럼 보인다. 꽃잎은 5개로 꽃받침잎보다 짧아서 잘 보이지 않는다. 3~5갈래 갈라지는 잎은 다른 까치밥나무에 비해 길이 7~12cm로 크다.

꽃

북백두(북파) 지하삼림 2017.6.12.

까막바늘까치밥나무

密刺茶藨子 mi ci cha biao zi

까치밥나무과

Ribes horridum Rupr. ex Maxim.

낙엽관목

북백두 지하삼림과 운동원촌 일대, 오십령 해발 1600m 이상 침엽수림의 습한 곳에 자란다. 키는 1.5m까지 자라고, 6월 초순부터 중순까지 피는 백록색 꽃은 가지 끝과 잎겨드랑이에서 아래를 향해 4~20개가 달린다. 꽃받침통은 5갈래로 갈라지며 끝이 옆으로 퍼지고, 꽃잎은 5개로 꽃받침갈래보다 짧다. 다른 까치밥나무에 비해 줄기에 가시가 많고, 열매 표면에 샘털이 많은 것이 특징이다.

잎

샘털

흰말채나무

红瑞木 hong rui mu | 층층나무과 | *Cornus alba* L. | 낙엽관목

안도현 이도백하진(지북구) 황송포 습지 2019.6.11.

백두산 주변의 내두산, 황송포, 만강 일대 숲 가장자리 또는 양지바른 곳에 자란다. 키는 3m까지 자라고, 6월 초순부터 중순까지 피는 흰색 꽃은 가지 끝에 여러 개가 모여 달린다. 줄기는 광택이 나는 적색이고, 열매는 흰색으로 익는 특징을 갖는다. 북방계식물로 우리나라에는 조경용으로 심어 기른다.

열매

좁은잎사위질빵

棉团铁线莲 mian tuan tie xian lian

미나리아재비과

Clematis hexapetala Pall. | 다년초

화룡시 서성진 2019.6.13.

연변 전 지역의 초원지대에 자란다. 키는 1m까지 자라고, 6월 초순부터 늦게는 7월 중순까지 피는 꽃은 줄기 끝에 여러 개가 모여 달린다. 꽃잎은 없으며, 꽃잎처럼 보이는 흰색의 꽃받침잎은 5~8개이다.

열매

자주종덩굴(산종덩굴, 고려종덩굴, 함북종덩굴)

半钟铁线莲 ban zhong tie xian lian | 미나리아재비과

Clematis alpina subsp. *ochotensis* (Pall.) Kuntze | 낙엽덩굴나무

북백두(북파) 해발 2100m 2003.7.1.

백두산 주변 및 선봉령 일대 숲 가장자리 습한 곳에 자란다. 대표적인 자생지는 선봉령 해발 1100m 이상, 이도백하진 부석림, 오십령, 북백두 지하삼림 침엽수림이다. 줄기는 1m 이상으로 자라고, 6월 초순부터 하순까지 피는 꽃은 잎겨드랑이에 1개씩 달린다. 꽃잎은 없으며, 꽃잎처럼 보이는 꽃받침잎은 4개로 자주색 또는 연한 파란색이고, 안쪽에 수술과 주걱 모양의 헛수술이 있다. 암술은 여러 개로 털이 많다. 잎은 3개씩 두 번 갈라져 작은잎 9개로 되어 있다. 꽃과 잎이 형태적으로 다양한 변이를 보이기 때문에 여러 종으로 나누기도 하였으나, 현재는 자주종덩굴로 통합한다.

꽃

세잎종덩굴(누른종덩굴)

朝鲜铁线莲 chao xian tie xian lian | 미나리아재비과
Clematis koreana Kom. | 낙엽덩굴나무

화룡시 청호촌 2009.6.10.

연변 전 지역의 숲속 및 숲 가장자리의 반건조한 땅에 자란다. 줄기는 3m까지 자라고, 6월 초순부터 중순까지 피는 꽃은 가지 끝이나 잎겨드랑이에 1개씩 달린다. 꽃잎은 없으며, 꽃잎처럼 보이는 꽃받침잎은 4개로 연한 노란색 또는 적색이고, 그 안쪽에 수술과 주걱 모양의 헛수술이 있다. 암술은 여러 개로 털이 많다. 마주나는 잎은 작은잎 3개으로 되어 있다. 연한 노란색의 꽃을 가진 누른종덩굴(*C. chiisanensis*)을 별개로 취급하기도 하였으나, 현재는 세잎종덩굴에 통합한다.

참기생꽃

七瓣莲 qi ban lian | 앵초과 | *Trientalis europaea* L. | 다년초

안도현 이도백하진(지북구) 황송포 습지 2018.7.11.

백두산 주변 숲속 습한 곳 또는 백두산 해발 1900m의 활엽수림에 자란다. 키는 25cm까지도 자라고, 6월 초순부터 7월 초순까지 피는 흰색 통꽃은 줄기 끝에 1~3개가 달리며, 5~7갈래로 깊게 갈라져 있다. 개체의 크기가 작고 잎끝이 둥근 개체를 기생꽃(*T. europaea* var. *arctica*)으로 구분하여 국내 멸종위기2급 식물로 지정하였으나, 참기생꽃과 기생꽃 간에는 연속변이가 관찰된다.

부게꽃나무

花楷枫 hua kai feng | 단풍나무과

Acer ukurunduense Trautv. & C. A. Mey. | 낙엽소교목

화룡시 선봉령 해발 1400m 2019.6.13.

연변 지역 및 백두산 주변 숲속에 자란다. 키는 10m까지 자라고, 6월 초순부터 하순까지 피는 황록색 꽃은 양성화와 수꽃이 한 그루에 달린다(수꽃양성화한그루). 다른 단풍나무들에 비해 긴 꽃차례를 갖는다.

버들까치수염

球尾花 qiu wei hua | 앵초과
Lysimachia thyrsiflora L. | 다년초

안도현 만보진 동청촌 2012.6.13.

연변 지역 및 백두산 주변의 습지 또는 도랑 주변에 자란다. 개체수가 가장 많은 곳은 이도백하진 2습지이다. 키는 80cm까지 자라고, 6월 초순부터 중순까지 피는 노란색 꽃은 잎겨드랑이에 여러 개가 달린다. 꽃부리와 꽃받침은 6~7갈래로 깊게 갈라지고, 수술은 꽃부리보다 길다.

| 세부 자생지 |

· 이도백하진(2습지), 안도현(신합향, 복합촌, 동청촌), 왕청현(대흥구진), 만강진, 송강하진, 천양 습지

가래바람꽃

二岐银莲花 er qi yin lian hua | 미나리아재비과

Anemone dichotoma L. | 다년초

화룡시 숭선진 광평촌 2009.6.15.

지금까지 두 곳(룡정시, 두만강변 광평촌)에서만 자생을 확인하였다. 물기가 많은 밭 주변과 습지에 자라며, 룡정시의 경우 6월 초순, 광평촌의 경우 6월 20일경에 꽃이 핀다. 그러나 룡정시의 밭 주변에 자라는 개체는 제초제로 인해 절멸 위기에 놓여 있고, 광평촌(김일성 낚시터)의 경우 개체수가 5천 여 정도 되지만 출입제한으로 탐사가 어렵다. 키는 60cm까지도 자라고, 줄기가 두 갈래로 분지한다. 꽃은 줄기 가장 윗부분의 갈라진 곳마다 1개씩 달린다. 잎은 작고 비늘처럼 생겼으며, 잎처럼 보이는 꽃싸개잎은 2개씩 마주나며 3갈래로 깊게 갈라져 있다. 꽃잎은 없으며, 꽃잎처럼 보이는 흰색의 꽃받침잎은 5개이다. 바람꽃(*A. narcissiflora*)에 비해 뿌리에서 나는 잎이 없으며, 줄기가 2개씩 갈라지는 특징을 갖기에 북한에서는 갈래바람꽃이라고 한다.

조선바람꽃(긴털바람꽃)

长毛银莲花 chang mao yin lian hua | 미나리아재비과

Anemone narcissiflora subsp. *crinita* (Juz.) Kitag. | 다년초

남백두(남파) 해발 1900m 2018.6.12. ©윤미경

백두산 수목한계선과 고산초원 해발 2200m 지점의 반건조 지역에 자란다. 키는 50cm까지도 자라고, 6월 초순부터 하순까지 피는 꽃은 여러 개가 줄기 끝에 우산 모양으로 달린다. 꽃잎은 없으며, 꽃잎처럼 보이는 흰색 꽃받침잎이 5~6개이다. 잎은 3갈래로 완전히 갈라진 다음 다시 잘게 갈라진다. 꽃 바로 아래 달리는 꽃싸개잎은 깊게 갈라져 있다. 국가생물종목록에는 없으며, 바람꽃의 아종으로 바람꽃에 비해 긴 털이 있다는 의미의 아종명(crinita)을 갖는다. 조선식물지에 조선바람꽃이라는 이름으로 먼저 기재되었기에 이를 따랐다.

| 세부 자생지 |

· 백두산에서는 남백두 해발 1600~2200m와 북백두 은아봉 해발 2150m의 두 곳에서만 자생을 확인하였다. 그 외 흑룡강성 봉황산 해발 1770m의 정상부에서 관찰하였으며, 내몽고 적봉시 일대 해발 2000m 지점에서는 대군락을 이루며 자생하고 있다.

장지채

冰沼草 bing zhao cao | 장지채과
Scheuchzeria palustris L. | 다년초

안도현 이도백하진(지북구) 황송포 습지 2019.6.15.

선봉령 고산습지, 황송포 습지, 오십령 습지에만 자란다. 키는 25cm 정도이고, 6월 초순부터 중순까지 피는 황록색 꽃은 줄기 끝에 3~10개가 달린다. 꽃잎과 꽃받침잎은 구분없이 총 6개(화피편)가 2줄로 배열되어 있고, 수술은 6개, 암술은 3~6개이다. 땅속줄기는 옆으로 기며, 줄기는 곧게 서고, 잎은 선형이다. 장지채과는 장지채속 장지채 1종으로 이루어져 있으며, 지채과에 속하기도 하였으나, 2줄로 배열하는 6개의 화피편의 특징으로 장지채과로 분류되었다.

열매

검은도루박이

东方藨草 dong fang biao cao | 사초과 | *Scirpus orientalis* Ohwi | 다년초

무송현 송강하진(지서구) 전천림장 2019.6.14.

연변 지역의 저지대와 백두산 해발 1000m 이하의 물가 및 도랑에 자란다. 키는 1.8m까지도 자라고, 6월 초순부터 7월 중순까지 피는 꽃은 줄기 끝에 여러 개가 뭉쳐 달린다. 도루박이(*S. radicans*)에 비해 꽃이 더 빽빽하게 달리고, 길어져 땅에 박아 새 개체가 자라는 줄기가 없다.

층층둥굴레

狭叶黄精 xia ye huang jing | 백합과

Polygonatum stenophyllum Maxim. | 다년초

왕청현 배초구진 2017.6.1.

현재까지 왕청현 중앙촌 일대 그늘진 숲속의 물기 많은 곳에서 자생을 확인하였다. 키는 1m까지 자라고, 6월 초순부터 하순까지 피는 백록색 꽃은 잎겨드랑이에 2개씩 달린다. 잎은 4~6개씩 돌려난다.

원추리

萱草 xuan cao | 백합과 | *Hemerocallis fulva* (L.) L. | 다년초

서백두(서파) 고산화원 해발 1500m 2003.7.5.

연변 지역과 백두산 해발 1700m까지의 초원 및 햇빛이 잘 드는 사면에 자란다. 키는 150cm까지 자라고, 6월 초순부터 7월 중순까지 피는 주황색 꽃은 뿌리에서 난 꽃줄기 끝에 6~8개씩 달린다. 수술이 꽃잎화되어 겹꽃잎인 왕원추리(*H. fulva* f. *kwanso*)와 달리 홑꽃이다. 땅속의 덩이줄기는 방추형이다.

| 개화시기별 탐사장소 |

· 6월 1일~15일: 왕청현, 안도현, 화룡시

· 6월 16일~30일: 이도백하진, 광평촌, 원지

· 7월 1일~15일: 서백두 고산화원, 왕지

날개하늘나리

毛百合 mao bai he | 다년초

Lilium pensylvanicum Ker Gawl.

다년초

서백두(서파) 고산화원 해발 1500m 2011.7.8.

연변 각지와 백두산 고산화원의 물기가 많은 땅과 초원의 습지에 자란다. 키는 1.2m까지 자라고, 6월 초순에 저지대부터 개화가 시작되어 7월 중순이면 백두산 고산화원까지 만발한다. 하늘을 보며 피는 주황색 꽃은 줄기 끝에 1~6개가 달린다. 줄기에 날개가 있으며, 땅속에 비늘줄기가 있고, 잎의 기부와 꽃줄기에 흰털이 덮여 있다. 국내 멸종위기2급 식물이다.

| 개화시기별 탐사장소 |

- 6월 5일~20일: 연길시(삼도진), 룡정시(삼합진), 안도현(삼도향), 화룡시
- 6월 21일~7월 5일: 이도백하진, 송강하진, 만강진, 장백현, 돈화시(액목)
- 7월 5일~15일: 두만강 발원지, 광평촌, 백두산 서백두(고산화원), 왕지

줄기

열매

하늘나리

有斑百合 you ban bai he | **백합과**

Lilium concolor var. *pulchellum* (Fisch.) Baker | **다년초**

화룡시 청호촌 2008.6.16.

연변 전 지역의 초원에 자란다. 키는 80cm까지도 자라고, 6월 중순부터 하순까지 피는 주황색 꽃은 줄기 끝에 1~7개가 위를 향해 달린다. 화피의 길이가 5cm인 큰하늘나리(*L. concolor* var. *megalanthum*)에 비해 화피 길이가 4cm 이하인 점이 다르다.

개감채

洼瓣花 wa ban hua | 백합과 | *Gagea serotina* (L.) Ker Gawl. | 다년초

북백두(북파) 해발 2000m 2017.5.28.

백두산 고산초원 및 해발 1700m 일대 바위벽에 붙어 자라는 식물로 고산지역에서는 군락을 형성한다. 키는 20cm까지 자라고, 6월 초순에 개화가 시작되어 해발 2500m 이상에서는 6월 하순까지도 꽃을 피운다. 흰색 바탕에 연두색 또는 보라색 맥이 있는 꽃은 줄기 끝에 1~2개가 달린다. 나도개감채(*G. triflora*)에 비해 화피 안쪽에 꿀을 분비하는 홈이 있고, 비늘줄기가 원통형인 것이 특징이다. 최근 연구에서는 개감채속(*Lloydia*)을 중의무릇속(*Gagea*)에 통합시켰다. 식물체가 왜소하여 바람의 영향을 많이 받아 사진 촬영이 어렵다.

꽃

제비붓꽃

燕子花 yan zi hua | 붓꽃과 | *Iris laevigata* Fisch. | 다년초

돈화시 연명호진 2006.5.26.

연변 지역의 습지 및 물기 많은 곳에 자란다. 최대군락지는 돈화시(연명호진과 대석두) 습지이며 가장 늦게 꽃이 피는 곳은 선봉령 고산습지이다. 키는 70cm까지 자라고, 6월 초순부터 7월 초순까지 피는 청보라색 꽃은 꽃줄기 끝에 2~3개씩 달린다. 꽃창포와 닮았으나 꽃잎 가운데 흰 무늬가 있으며, 꽃싸개잎의 크기가 균일하지 않은 특징을 갖는다. 국내 멸종위기2급 식물이다.

새둥지란

凹唇鸟巢兰 ao chun niao chao lan | **난초과**

Neottia papilligera Schltr. | **다년초**

안도현 이도백하진(지북구) 내두산 2006.6.10.

백두산 주변과 선봉령 지역 해발 600~1100m 숲속의 그늘지고 습한 곳에 자란다. 자생지와 개체수가 한정되어 있고, 한 장소에서 매해 같은 개체가 나오는 것이 아니기 때문에 관찰이 어렵다. 세부 자생지는 이도백하진(내두산), 천양 습지 주변, 로수하진, 선봉령으로 개체수가 가장 많은 곳은 이도백하진의 내두산이다. 키는 35cm까지 자라고, 6월 초순부터 하순까지 피는 연갈색 꽃은 줄기 끝에 여러 개가 달린다. 입술꽃잎이 2갈래로 갈라지고, 잎은 없이 줄기에 막질의 잎싸개가 여러 개 있으며, 뿌리가 새둥지처럼 얽혀 있다. 홍산무엽란이라고도 한다.

애기무엽란

尖唇鸟巢兰 jian chun niao chao lan | 난초과

Neottia acuminata Schltr. | 다년초

북백두(북파) 지하삼림 2003.6.25.

백두산 해발 1500m 이하와 내두산 마을 해발 1000m 이상 지역의 숲속 습한 곳에 자란다. 세부 자생지는 이도백하진 내두산, 부석림, 백두산 지하삼림으로 개체수가 가장 많은 곳은 백두산 지하삼림이다. 키는 30cm까지 자라고, 6월 초순부터 하순까지 피는 황갈색 꽃은 줄기 끝에 여러 개가 달린다. 꽃잎들이 뒤로 휘어 있고, 잎이 없이 줄기에 막질의 잎싸개가 있다.

키다리난초

羊耳蒜 yang er suan | 난초과
Liparis campylostalix Rchb. f. | 다년초

연길시 모아산 2009.6.11.

연변 지역 침엽수림의 습한 곳에 자란다. 세부 자생지는 연길시(모아산, 의란진, 고성촌)와 안도현(대석두, 룡림촌)으로, 이 중 모아산은 개체수가 100만 이상이며, 중턱에 위치한 민속촌 상부 직선거리 200m 범위가 최대 군락지로 꼽힌다. 키는 10~25cm 정도로 자라고, 6월 초순부터 중순까지 피는 자색 또는 녹색 꽃은 줄기 끝에 여러 개가 달린다. 잎은 2개이다. 기존에 키다리난초에 사용하던 학명(*L. japonica*)은 다른 속 식물인 *Malaxis monophyllos*의 이명으로 처리되었으며, 중국식물지에서는 키다리난초의 학명으로 *L. campylostalix*를 사용하면서 개체의 크기가 크고 작은 것과 입술꽃잎이 넓고 좁은 것을 모두 포함한다고 하여 이를 따랐다.

꽃

꽃

나도제비란

卵唇盔花兰 luan chun kui hua lan | 난초과

Galearis cyclochila (Franch. & Sav.) Soó | 다년초

무송현 만강진(지남구) 오십령 2016.6.20.

백두산 주변 해발 1200m 이상 혼합수림의 물기 많은 곳에 자란다. 키는 19cm까지 자라고, 6월 초순부터 하순까지 피는 꽃은 줄기 끝에 대개 2개가 달린다. 분홍빛이 도는 흰색 꽃잎에는 분홍점이 있고, 잎은 뿌리에서 1개가 난다.

| 개화시기별 탐사장소 |

· 6월 5일~15일: 선봉령, 서백두 금강대협곡

· 6월 15일~30일: 선봉령 고산습지, 오십령

시로미

东北岩高兰 dong bei yan gao lan | 시로미과

Empetrum nigrum subsp. *asiaticum* (Nakai ex H. Itô) Kuvaev | 상록소관목

북백두(북파) 해발 2100m 2003.8.1.

백두산 해발 2100m의 고산초원에 무리를 지어 자란다. 키는 50cm까지 자라고, 줄기가 옆으로 뻗으며 가지를 많이 낸다. 6월 중순부터 하순까지 암수딴그루에 피는 자주색 암꽃과 수꽃은 각각 줄기 윗부분의 잎겨드랑이에 달린다.

열매

애기황새풀

鳞苞针蔺 lin bao zhen lin | 사초과
Trichophorum alpinum (L.) Pers.
다년초

안도현 이도백하진(지북구) 쌍목봉 2008.7.2.

백두산 주변 습지와 물기 많은 곳에 자란다. 세부 자생지로는 선봉령 고산습지, 이도백하진(황송포, 쌍목봉), 오십령 습지, 서백두 고산화원 등을 꼽을 수 있다. 키는 30cm까지 자라고, 6월 하순부터 7월 중순까지 피는 꽃은 줄기 끝에 1개의 작은이삭(소수)으로 달린다. 작은이삭에 있는 각 낱꽃에는 가늘고 흰털(화피강모)이 4~6개 있다. 황새풀속 식물들과 닮았으나, 흰털이 4~6개인 점이 다르다.

꽃

참황새풀

东方羊胡子草 dong fang yang hu zi cao | **사초과**

Eriophorum angustifolium Honck. | **다년초**

돈화시 액목진 액목 습지 2010.6.25.

연변 지역 및 백두산 주변의 습지에 자란다. 이 지역의 자생지 중 가장 큰 군락을 이루는 곳은 돈화시 액목의 3습지이다. 키는 114cm까지 자라고, 6월 중순부터 7월 초순까지 피는 꽃은 줄기 끝에 2~10개의 작은이삭(소수)으로 모여 달린다. 작은이삭에 있는 각 낱꽃에는 가늘고 흰털(화피강모)이 10개 이상이다. 작은황새풀(*E. gracile*)과 닮았으나, 키가 주로 1미터 가까이 자라고, 잎의 너비가 3~7mm인 점이 다르며, 잎은 주로 납작하다가 위에서 삼각형인 특징을 갖는다. 중국식물지에서는 이 종에 대한 이름이 큰황새풀(*E. latifolium*)로 잘못 기재되어 왔다고 언급하며, 이 종이 중국 동북지역과 한국에도 분포한다고 하였기에 이를 따랐다.

꽃

황새풀

白毛羊胡子草 bai mao yang hu zi cao | **사초과**

Eriophorum vaginatum L. | **다년초**

안도현 신합향 신합 습지 2015.6.19.

연변 지역 및 백두산 주변의 습지에 자란다. 키는 80cm까지 자라고, 6월 초순부터 하순까지 피는 꽃은 줄기 끝에 1개의 작은이삭(소수)으로 달린다. 작은이삭에 있는 각 낱꽃에는 가늘고 흰털(화피강모)이 10개 이상이다. 참황새풀(*E. angustifolium*)과 작은황새풀(*E. gracile*)에 비해 줄기 끝에 작은이삭이 1개만 달리고, 여러 개체가 조밀하게 모여 자라는 점이 다르다. 작은황새풀은 참황새풀과 닮았으나 키가 25~50cm로 작고, 눌린 삼각형인 잎의 너비도 1~2mm로 좁다.

꽃

작은황새풀

쥐다래

狗枣猕猴桃 gou zao mi hou tao | 다래나무과

Actinidia kolomikta (Maxim. & Rupr.) Maxim. | 낙엽덩굴성관목

안도현 이도백하진(지북구) 내두산 2019.6.10.

연변 지역 숲 가장자리 및 백두산 주변의 양지바른 곳에 자라며, 덩굴성으로 다른 나무를 감고 올라간다. 6월 중순부터 하순까지 수꽃과 양성화(헛수술을 가진)가 다른 개체에 피며, 각각 새가지 잎겨드랑이에 1~3개씩 달린다. 점점 붉게 변하는 흰색의 잎을 갖기도 한다. 다래(*A. arguta*)에 비해 꽃밥이 노란색이고, 개다래(*A. polygama*)에 비해 열매가 뾰족하지 않다.

꽃

털둥근갈퀴

三脉猪殃殃 san mai zhu yang yang | 꼭두서니과

Galium kamtschaticum Steller ex Schult. | 다년초

무송현 만강진(지남구) 오십령 2019.6.7.

오십령의 숲 가장자리 물기 많은 곳에 자란다. 키는 25cm까지 자라고, 6월 중순부터 7월 중순까지 피는 흰색 꽃은 줄기 끝에 10개 정도가 달린다. 줄기는 대부분 갈라지지 않고, 줄기에 4개씩 돌려나는 잎에는 짧은 털이 많다.

붉은병꽃나무

锦带花 jin dai hua | 인동과
Weigela florida (Bunge) A. DC.
낙엽관목

화룡시 숭선진 2006.6.30.

두만강변의 물기 많은 곳에 자란다. 키는 3m까지 자라고, 6월 중순부터 하순까지 피는 분홍색 꽃은 잎겨드랑이에 1~3개씩 달린다. 간혹 흰색의 꽃이 피기도 하며, 병꽃나무(*W. subsessilis*)에 비해 꽃받침이 중간까지만 갈라지는 특징을 갖는다.

흰꽃

큰장대

毛葶香芥 mao e xiang jie | 십자화과

Clausia trichosepala (Turcz.) Dvorák | 1년초 또는 2년초

룽정시 개산툰진 2010.6.20.

연변 지역의 바위지대 또는 거친 땅에 자란다. 자생지 대부분이 도문시, 개산툰진, 백금향, 숭선진 등으로 모두 두만강변이다. 키는 70cm까지도 자라고, 6월 중순부터 하순까지 피는 분홍색 꽃은 줄기 끝에 모여 달린다. 꽃받침에 털이 수북하고, 줄기에 달린 잎에 잎자루가 있으며, 잎 가장자리가 거친 특징을 갖는다.

백선

白鲜 bai xian | 운향과 | *Dictamnus dasycarpus* Turcz. | 다년초

왕청현(재식) 2019.6.13.

연변 지역의 숲 가장자리 및 양지바른 곳에 자란다. 키는 1m까지 자라고, 6월 중순부터 하순까지 피는 연한 붉은색 꽃은 줄기 끝에 여러 개가 달린다. 잎자루에 날개가 있으며, 식물체에서 특유의 냄새가 난다.

꽃

산마늘

茖葱 ge cong | 백합과 | *Allium microdictyon* Prokh. | 다년초

무송현 천양진 2008.6.15.

현재까지 자생지는 천양진 일대가 유일하며, 혼합수림의 습하고 그늘진 곳에 자란다. 키는 80cm까지 자라고, 6월 중순부터 피는 흰색 꽃은 줄기 끝에 우산 모양으로 달린다. 잎은 나물로 유명하여 심하게 훼손되는 경우가 많아서 자생지 범위가 좁은 것으로 판단된다. 최근 연구에 의하면 연변 지역 산마늘의 학명은 *A. ochotense*이지만, 중국식물지에서는 이를 이명으로 처리하여 *A. victorialis*를 사용하면서 한국에도 분포한다고 하였다. 여기서는 국내 육지에 분포하는 산마늘의 학명을 따랐다.

감자난초

山兰 shan lan | **난초과** | *Oreorchis patens* (Lindl.) Lindl. | **다년초**

무송현 송강하진(지서구) 전천림장 2016.6.20.

연변 지역 및 백두산 주변 숲속의 습한 곳에 자란다. 키는 50cm까지 자라고, 6월 중순부터 하순까지 피는 황갈색 꽃은 줄기 끝에 여러 개가 달린다. 땅속에 감자처럼 둥근 알줄기가 있다.

넓은잎잠자리란

蜻蜓舌唇兰 qing ting she chun lan
난초과 | *Platanthera fuscescens* (L.) Kraenzl. | **다년초**

안도현 풍림촌 2009.6.20..

연변 지역 숲속의 습한 곳에 자란다. 자생지는 여러 곳이나 개체수는 많지 않다. 현재까지 돈화시(액목), 안도현(풍림촌), 왕청현(천교령진), 연길시(고성촌), 화룡시(와룡촌)에서 자생을 확인하였다. 키는 60cm까지 자라고, 6월 중순부터 하순까지 피는 연녹색 꽃은 줄기 끝에 여러 개가 달린다. 잎은 2~3개이며, 줄기에 달린다.

잎

제비난초

二叶舌唇兰 er ye she chun lan
난초과 | *Platanthera chlorantha*
(Custer) Rchb. | **다년초**

돈화시 대석두 2007.6.25.

연변 지역의 침엽수림의 반건조한 곳에 자란다. 자생지는 연길시(모아산, 두레마을), 안도현(룡림촌), 돈화시(대석두) 지역이며, 개체수가 매우 적다. 키는 55cm까지 자라고, 6월 중순부터 하순까지 피는 백록색 꽃은 줄기 끝에 여러 개가 달린다. 잎은 2개이며, 줄기 아래에 거의 마주난다.

꽃봉오리

미나리아재비

毛茛 mao gen | 미나리아재비과 | *Ranunculus japonicus* Thunb. | 다년초

안도현 신합향 신합 습지 2013.6.25.

연변 전 지역의 습지와 물기가 많은 곳에 자란다. 키는 65cm까지 자라고, 전체에 흰털이 있다. 6월 중순부터 7월 초순까지 피는 노란색 꽃은 줄기 끝에 3~15개가 달린다. 꽃받침잎과 꽃잎은 모두 5개이고, 열매에는 털이 없다. 중국식물지에서는 미나리아재비를 줄기와 잎에 있는 털의 상태를 기준으로 여러 변종으로 나누기도 한다. 또한, 백두산 해발 2300m의 고산초원에 자라며 키는 35cm 정도이고, 6월 하순부터 7월 하순까지 꽃을 피우는 산미나리아재비(*L. acris*)로 분류되던 것들을 미나리아재비에 포함시켰다.

산미나리아재비 북백두(북파) 해발 2150m 2003.7.10.

하늘매발톱

白山耧斗菜 bai shan lou dou cai | 미나리아재비과

Aquilegia flabellata Siebold & Zucc. | 다년초

북백두(북파) 해발 2200m 2003.7.2.

백두산 고산초원 및 수목한계선 활엽수림 아래 물기 많은 곳에 군락을 이루며 자란다. 키는 40cm까지 자라고, 7월 초순부터 8월 초순까지 피는 꽃은 줄기 끝에 1~3개가 달린다. 꽃받침잎은 5개로 꽃잎처럼 보이며 파란색이고, 꽃잎은 5개로 노란빛이 도는 흰색이며 아래쪽에 매의 발톱처럼 구부러진 파란색의 거가 있다. 매발톱(*A. oxysepala*)과 닮았으나, 잎은 줄기의 기부에 모여 나고, 암술에 털이 없는 특징을 갖는다. 백두산 고산초원에 자생하는 만큼 눈이 늦게 녹는 곳에서는 개화시기가 보름 이상 늦을 수 있다. 기존의 학명 *A. japonica*는 이명으로 처리되었다(WFO).

흰꽃

매발톱

尖萼耧斗菜 jian e lou dou cai | 미나리아재비과
Aquilegia oxysepala Trautv. & C. A. Mey. | 다년초

안도현 이도백하진(지북구) 2007.6.10.

연변 전 지역과 백두산 주변 일대의 양지바른 길가 및 물기가 많은 숲 가장자리에 자란다. 키는 1m까지 자라고, 6월 중순부터 7월 초순까지 피는 꽃은 줄기 끝에 3~5개씩 달린다. 꽃받침잎은 5개로 꽃잎처럼 보이며 자주색이고, 꽃잎은 5개로 노란색이며 아래쪽에 매의 발톱처럼 구부러진 갈색의 거가 있다. 하늘매발톱(*A. flabellata*)과 닮았으나, 잎은 줄기에 달리고, 암술에 털이 있는 특징을 갖는다.

당마가목

花楸树 hua qiu shu | 장미과 | *Sorbus aucuparia* L. | 낙엽소교목

화룡시 선봉령 해발 1400m 2009.6.21.

연변 지역 해발 1000m 이상과 백두산 해발 1600m 이하에 자란다. 키는 8m까지 자라고, 6월 중순부터 7월 초순까지 피는 흰색 꽃은 가지 끝에 모여 달린다. 마가목과 닮았으나, 전체에 흰털이 밀생하는 특징을 갖는다.

광대수염

野芝麻 ye zhi ma | 꿀풀과

Lamium album subsp. barbatum (Siebold & Zucc.) Mennema | 다년초

무송현 만강진(지남구) 오십령 2003.6.21.

백두산 주변 및 고산화원의 물기 많은 곳에 자란다. 키는 1m까지 자라고, 6월 중순부터 7월 초순까지 피는 흰색 또는 분홍빛이 도는 흰색 꽃은 줄기 윗부분의 잎겨드랑이에 여러 개가 달린다. 잎이 보다 긴 개체를 호광대수염(*L. cuspidatum* Nakai)으로 구분하기도 하였으나, 국제적으로 인정되고 있지는 않다.

| 세부 자생지 |

· 오십령, 만강진, 이도백하진, 송강하진, 장백현, 백두산 고산화원 해발 1700m

기린초

堪察加费菜 kan cha jia fei cai | 돌나물과

Phedimus kamtschaticus (Fisch. & C. A. Mey.) 't Hart | 다년초

안도현 만보진 2007.7.10.

연변 전 지역 사면 및 초원지대의 반건조한 지역에 자란다. 키는 40cm까지 자라고, 7월 초순부터 하순까지 피는 노란색 꽃은 줄기 끝에 여러 개가 모여 달린다. 애기기린초(*P. middendorffianus*)에 비해 잎이 달걀 모양으로 너비가 5~30mm이다.

애기기린초

吉林费菜 ji lin fei cai | 돌나물과

Phedimus middendorffianus (Maxim.) 't Hart | 다년초

무송현 만강진(지남구) 2011.6.18.

백두산 주변 만강, 오십령, 장백현의 바위지대 또는 거친 땅에 자란다. 개체수가 가장 많은 곳은 남백두를 가는 길목인 만강진이다. 키는 30cm까지 자라고, 6월 중순부터 7월 중순까지 피는 노란색 꽃은 줄기 끝에 여러 개가 모여 달린다. 기린초(*P. kamtschaticus*)에 비해 잎이 좁은 주걱형 또는 피침형이다.

산해박

徐长卿 xu chang qing | 박주가리과

Cynanchum paniculatum (Bunge) Kitag. ex H. Hara | 다년초

왕청현 조양천진 2013.7.15.

연변 지역 초원지대의 반건조한 곳에 자란다. 키는 1m까지 자라고, 6월 중순부터 7월 중순까지 피는 황록색 또는 황갈색 꽃은 줄기 윗부분의 잎겨드랑이와 줄기 끝에 여러 개가 달린다. 꽃받침은 5갈래의 피침형으로 갈라지고, 꽃통은 5갈래의 다소 길쭉한 삼각형으로 갈라진다. 산해박의 꽃에는 부화관(덧꽃부리)이라는 부속체가 달려 있는데, 노란색을 띠며 깊게 5갈래로 갈라지고, 통통한 모양이다. 국내 백미꽃속 식물 중 잎이 가장 가늘다.

가는잎개별꽃

细叶孩儿参 xi ye hai er shen | 석죽과

Pseudostellaria sylvatica (Maxim.) Pax | 다년초

북백두(북파) 지하삼림 2003.7.1.

연변 지역 해발 700m 이상과 백두산 수목한계선 일대 숲속의 물기 많은 곳에 자란다. 키는 25cm까지 자라고, 6월 중순부터 7월 중순까지 피는 흰색 꽃은 줄기 끝의 잎겨드랑이에 1개씩 달린다. 꽃잎은 5개로 끝부분이 약간 갈라졌고, 수술은 10개이며, 암술머리는 2~3개이다.

고산봄맞이

旱生点地梅 han sheng dian di mei | 앵초과

Androsace lehmanniana Spreng. | 다년초

북백두(북파) 흑풍구 2019.7.15.

백두산 고산초원 해발 2000~2400m의 이끼층이 형성된 바위지대나 풀밭의 거친 땅에 자란다. 키는 10cm까지 자라고, 6월 중순부터 7월 중순까지 피는 흰색 꽃은 줄기 끝에 3~6개가 달린다.

꽃

들떡쑥

火绒草 huo rong cao | 국화과

Leontopodium leontopodioides (Willd.) Beauverd | 다년초

룡정시 조양천진 2018.7.1.

연변 전 지역의 저지대 초원에 자란다. 키는 40cm까지도 자라고, 6월 중순부터 7월 중순까지 피는 흰색 머리 모양 꽃은 줄기 끝에 1~4개가 달린다.

산호란

珊瑚兰 shan hu lan | 난초과 | *Corallorhiza trifida* Châtel. | 다년초

무송현 만강진(지남구) 오십령 2009.7.5.

백두산 및 선봉령 혼합수림의 습한 곳에 자란다. 개체수가 가장 많은 곳은 북백두의 은아봉 일대이다. 키는 28cm까지 자라고, 6월 중순부터 7월 중순까지 피는 연노랑 꽃은 줄기 끝에 여러 개가 달린다. 육질의 땅 속줄기가 산호처럼 생겨서 산호란이라 한다.

| 개화시기별 탐사장소 |

· 6월 15일~30일: 선봉령, 북백두 소천지, 운동원촌 부근

· 7월 1일~15일: 오십령, 백두산 수목한계선 활엽수림

가솔송

松毛翠 song mao cui | **진달래과** | *Phyllodoce caerulea* (L.) Bab. | **상록소관목**

북백두(북파) 해발 2100m 2006.6.20.

백두산 해발 1900m 이상의 고산초원 바위지대 또는 물기가 많은 작은 도랑을 중심으로 자라며 북, 서, 남쪽 전체적으로 고르게 분포되어 있고, 드물게 해발 1600m의 숲속 바위지대 이끼가 많은 곳에서도 자란다. 키는 30cm까지 자라고, 6월 중순부터 개화하여 눈이 늦게 녹는 계곡에서는 7월 하순까지도 꽃을 볼 수 있다. 꽃은 분홍색 또는 흰색으로, 가지 끝에 2~5개가 달린다.

| 조선식물지 |

· 북부 고원지대의 고산 풀밭에 자생

열매

좀개불알풀

小婆婆纳 xiao po po na | 현삼과 | *Veronica serpyllifolia* L. | 다년초

화룡시 선봉령 해발 1400m 2019.6.17.

장백현 24도구와 선봉령 해발 1300m 이하의 도로변 양지바른 곳에 자란다. 키는 30cm까지 자라고, 6월 중순부터 7월 하순까지 피는 연한 보라색 꽃은 줄기 끝에 여러 개가 달린다. 국내에서는 좀개불알풀에 비해 줄기 아랫쪽 잎에도 자루가 없으며 잎에 톱니가 없는 개체를 방패꽃으로 구분하고 있으나 중국식물지에서는 좀개불알풀과 방패꽃을 동일종으로 취급하고 있어 이를 따랐다.

장백제비꽃

双花堇菜 shuang hua jin cai | 제비꽃과 | *Viola biflora* L. | 다년초

북백두(북파) 소천지 2013.7.1.

백두산 해발 1600~2300m의 풀밭에 자란다. 키는 25cm까지 자라고, 6월 중순부터 7월 하순까지 피는 노란색 꽃은 줄기 위쪽 잎겨드랑이에 1개씩 달린다. 노랑제비꽃과 털대제비꽃처럼 노란색의 꽃을 피우지만, 암술머리가 2갈래로 갈라진 특징을 갖는다.

개황기

湿地黄耆 shi di huang qi | 콩과

Astragalus uliginosus L. | 다년초

안도현 만보진 2013.6.20.

연변 지역 및 백두산 고산초원 해발 2200m의 풀밭이나 길가 양지바른 곳에 자란다. 키는 90cm까지 자라고, 6월 중순부터 7월 하순까지 피는 황록색 꽃은 잎겨드랑이에 여러 개가 달린다. 꽃받침과 더불어 줄기 및 잎 뒷면에 털이 많으며, 잎은 작은잎 17~29개로 되어 있다.

| 개화시기별 탐사장소 |

- 6월 15일~7월 1일: 연길시, 안도현, 화룡시, 도문시, 훈춘시
- 7월 1일~15일: 백두산 해발 1600m, 이도백하진(쌍목봉, 부석림), 만강진
- 7월 16일~25일: 백두산 고산초원 해발 2200m

구름국화

山飞蓬 shan fei peng | 국화과 | *Erigeron alpicola* (Makino) Makino | 다년초

북백두(북파) 해발 2150m 2003.6.30.

백두산 해발 1600m 이상, 고산초원 해발 2500m까지 올라와 자란다. 키는 35cm까지 자라고, 6월 중순부터 7월 하순까지 피는 보라색 꽃은 줄기 끝에 1개씩 달린다.

달구지풀

野火球 ye huo qiu | 콩과 | *Trifolium lupinaster* L. | 다년초

돈화시 액목진 액목 습지 2019.7.17.

연변 지역 및 백두산 해발 2300m의 고산초원 풀밭이나 길가의 물기 많은 곳에 자란다. 키는 60cm까지 자라고, 6월 중순부터 8월 초순까지 피는 자주색 머리 모양 꽃은 줄기 끝과 잎겨드랑이에 여러 개가 달린다.

| 개화시기별 탐사장소 |

· 6월 10일~30일: 연길시, 왕청현, 도문시, 훈춘시

· 7월 1일~15일: 안도현, 부석림, 쌍목봉, 장백현

· 7월 15일~25일: 오십령, 백두산 해발 1700m

· 7월 26일~8월 5일: 백두산 고산초원

개통발

异枝狸藻 yi zhi li zao | **통발과** | *Utricularia intermedia* Hayne | **다년초**

화룡시 선봉령 고산습지 2019.7.4.

선봉령 고산습지와 이도백하진 황송포 습지의 물속에 자란다. 개체수가 가장 많은 곳은 선봉령 고산습지이다. 줄기는 옆으로 길게 뻗으며, 꽃줄기는 15cm까지 자란다. 6월 중순부터 7월 하순까지 피는 노란색 꽃은 잎겨드랑이에서 나온 꽃줄기에 2~5개가 달린다. 개통발은 잎과 함께 포충낭이 달린 통발(*U. vulgaris*)과 달리 색이 없는 땅속줄기에 포충낭이 달린다.

꽃

포충낭이 달리지 않는 잎

통발

狸藻 li zao | 통발과 | *Utricularia vulgaris* L. | 다년초

돈화시 연명호진 2019.7.1.

연변 지역의 고인 물속에 자란다. 환경 변화와 개발로 인해 개체수가 점점 줄어들고 있으며, 현재 가장 많은 꽃을 볼 수 있는 곳은 돈화시 연명호진의 목단강 인근과 훈춘시 경신진 구사평 일대이다. 6월 하순부터 7월 하순까지 피는 노란색 꽃은 30cm까지 자라는 꽃줄기에 3~12개가 달린다. WFO에서는 통발에 사용되던 학명(*U. japonica*)과 참통발에 사용되던 학명(*U. tenuicaulis*)을 참통발(*U. australis*)의 이명으로 처리하였으며, 최근에는 통발과 참통발을 통합하기도 하지만, 중국식물지에서는 통발과 참통발을 구분하여, 아래 꽃잎의 양쪽 가장자리가 아래로 확 굽은 것은 통발(*U. vulgaris*, 사진)로, 굽지 않고 펴져 있는 것을 참통발(*U. australis*)로 나누어 놓았기에 이를 따랐다. 또한, 통발과 참통발은 땅속줄기에 포충낭이 달리는 개통발과 달리 잎과 함께 포충낭이 달린다.

꽃

포충낭이 달리는 잎

회목나무

瘤枝卫矛 liu zhi wei mao
노박덩굴과 | *Euonymus verrucosus* Scop. | 낙엽관목

무송현 만강진(지남구) 2019.7.12.

백두산 주변(황송포, 부석림, 만강진) 숲 가장자리의 햇빛이 잘 드는 곳에 자란다. 키는 3m까지 자라고, 6월 하순부터 6월까지 피는 갈색 꽃은 가지 끝부분의 잎겨드랑이에 1개씩 달린다.

꽃

가시오갈피나무

刺五加 ci wu jia | 두릅나무과

Eleutherococcus senticosus (Rupr. & Maxim.) Maxim. | 낙엽관목

화룡시 선봉령 2018.8.3.

연변 지역의 해발 1000m 이상의 숲속 그늘진 곳 또는 숲 가장자리에 자란다. 키는 6m까지 자라고, 줄기에 거친 가시가 많다. 6월부터 7월까지 피는 보랏빛의 노란색 꽃은 가지 끝에 우산 모양으로 달린다. 잎은 손바닥 모양으로 작은잎 5개가 달린다. 국내 멸종위기2급 식물이다.

줄기

말털이슬

水珠草 shui zhu cao | 바늘꽃과

Circaea lutetiana subsp. *quadrisulcata* (Maxim.) Asch. & Magnus | 다년초

연길시 의란진 고성촌 2009.7.1.

연변 지역의 강 주변 및 도랑에 자란다. 키는 80cm까지 자라고, 6월 하순부터 7월 초순까지 피는 붉은빛이 도는 흰색 꽃은 줄기 끝과 잎겨드랑이에 여러 개가 달리고, 꽃차례에 짧은 샘털이 있다. 쥐털이슬(*C. alpina*)에 비해 씨방이 2개이며, 땅속줄기에 덩이줄기가 발달한다.

눈개승마

假升麻 jia sheng ma | 장미과 | *Aruncus dioicus* (Walter) Fernald | 다년초

안도현 풍산촌 2014.6.30.

연변 전 지역 및 백두산 주변 도로변이나 숲 가장자리의 습한 곳에 자란다. 키는 3m까지 자라고, 6월 하순부터 7월 중순까지 피는 흰색 꽃은 암꽃과 수꽃이 각각 다른 개체의 줄기 끝에 여러 개가 달린다. 새순을 삼나물이라 하여 나물로 먹는다.

두메애기풀

西伯利亚远志 xi bo li ya yuan zhi | **원지과**

Polygala sibirica L. | **다년초**

룽정시 조양천진 2019.7.11.

연변 지역의 양지바른 풀밭에 자란다. 키는 30cm까지 자라고, 뿌리는 목질화되어 있다. 6월 하순부터 7월 중순까지 피는 연한 보라색 꽃은 잎겨드랑이에 여러 개가 달린다. 꽃잎은 3개로, 그중 하나의 끝이 술 모양으로 갈라져 있으며, 식물 전체에 털이 있다. 잎이 타원형인 애기풀(*P. japonica*)에 비해 잎이 피침형인 점이 다르다.

은양지꽃

雪白委陵菜 xue bai wei ling cai | 장미과 | *Potentilla nivea* L. | 다년초

북백두(북파) 해발 2100m 2003.7.1.

백두산 고산초원의 풀밭이나 암석지대에 주로 자란다. 키는 25cm까지 자라고, 6월 하순부터 7월 중순까지 피는 노란색 꽃은 줄기 끝에 적은 수가 달린다. 잎은 작은잎 3개로 이루어져 있으며, 잎 뒷면에 흰 솜털이 밀생한다.

범부채

射干 she gan | 붓꽃과 | *Iris domestica* (L.) Goldblatt & Mabb. | 다년초

룽정시 백금향 2009.7.2.

두만강변의 물기 많은 곳에 자란다. 연변 지역에는 두만강변 삼합진, 백금향, 남평진, 숭선진 등에서만 자생을 확인하였다. 키는 1.5m까지 자라고, 6월 하순부터 7월 중순까지 피는 주황색 꽃은 줄기 끝에 여러 개가 달린다. 기존의 범부채속(*Belamcanda*)은 붓꽃속(*Iris*)으로 통합되었다.

두메냉이

天池碎米荠 tian chi sui mi ji | 십자화과

Cardamine changbaiana Al-Shehbaz | 다년초

서백두(서파) 해발 2250m 2018.8.1.

백두산 1600m 이상 고산초원의 물기 많은 곳에 자란다. 키는 8cm까지 자라고, 6월 하순부터 8월 초순까지 피는 흰색 꽃은 줄기 끝에 7개까지 달린다.

열매

7월

물싸리

金露梅 jin lu mei | 장미과 | *Potentilla fruticosa* L. | 낙엽관목

서백두(서파) 해발 1500m 2004.7.25.

연변 지역 및 백두산 해발 1900m의 고산화원에 자란다. 자생범위가 넓어 5월 하순부터 7월 하순까지 꽃을 볼 수 있다. 키는 1.5m까지 자라고, 노란색 꽃이 햇가지 끝이나 잎겨드랑이에 2~3개씩 물싸리풀(*Sibbaldianthe bifurca*)과 비슷하나, 풀이 아닌 나무라는 점이 크게 다르다.

| 개화시기별 탐사장소 |

· 5월 25일~6월 25일: 훈춘시, 도문시, 룡정시

· 6월 26일~7월 10일: 두만강 발원지, 부석림

· 7월 11일~25일: 서-남백두 고산화원

쥐털이슬

高山露珠草 gao shan lu zhu cao | **바늘꽃과** | *Circaea alpina* L. | **다년초**

북백두(북파) 지하삼림 2018.7.10.

연변 지역 해발 1000m 이상, 백두산 해발 1600m 이하 침엽수림의 습한 곳에 자란다. 키는 30cm까지 자라고, 7월 초순부터 하순까지 피는 붉은빛이 도는 흰색 꽃은 줄기 끝과 잎겨드랑이에 여러 개가 달리고, 꽃차례에 털이 없다. 말털이슬(*C. lutetiana* subsp. *quadrisulcata*)에 비해 씨방이 1개이며, 땅속줄기가 가늘고 길게 뻗는다.

분홍바늘꽃

柳兰 liu lan | 바늘꽃과 | *Epilobium angustifolium* L. | 다년초

서백두(서파) 해발 2170m 2003.8.1.

연변 지역 및 백두산 고산초원 해발 2200m까지 자란다. 최대군락지는 화룡시 두만강 발원지와 광평촌 일대이다. 키는 2m까지도 자라고, 6월 중순부터 8월 초순까지 피는 분홍색 꽃은 줄기 끝에 여러 개가 달린다. 암술머리는 4개로 갈라진다.

| 개화시기별 탐사장소 |

· 6월 15일~30일: 연길시(삼도진), 룡정시(삼합진)

· 7월 1일~15일: 이도백하진, 안도현(동천진), 돈화시(강원진)

· 7월 16일~8월 5일: 백두산 고산화원, 고산초원, 화룡시 광평촌

화룡시 숭선진 광평촌 2012.8.1.

흰꽃

두메양귀비

长白山罂粟 chang bai shan ying su | **양귀비과**

Papaver radicatum var. *pseudoradicatum* (Kitag.) Kitag | **다년초**

서백두 2004.7.25.

백두산 고산초원 및 수목한계선 부근의 계곡 주변에 자란다. 키는 15cm까지 자라고, 6월 하순부터 7월 중순까지 피는 노란빛의 꽃은 꽃줄기 끝에 1개가 달린다. 잎은 뿌리에서 모여 나고, 전체에 퍼진 털이 있다.

잎

북백두(북파) 녹명봉 2009.8.2.

북백두(북파) 해발 2600m 2018.7.10.

꿩의다리

唐松草 tang song cao | 미나리아재비과

Thalictrum aquilegiifolium var. *sibiricum* Regel & Tiling | 다년초

서백두(서파) 왕지 2013.7.10.

백두산 및 연변 지역의 고산습지 등 물기가 많은 곳에 자란다. 최대군락지는 서백두의 왕지와 고산화원이다. 키는 1.5m까지 자라고, 6월 하순부터 7월 중순까지 피는 흰색 꽃은 줄기 끝에 여러 개가 달린다. 전체에 털이 없고, 꽃잎은 없으며, 실처럼 가는 수술이 많다.

| 세부 자생지 |

· 선봉령 고산습지, 오십령, 이도백하진, 만강진, 개서림장, 백두산 전역

바위돌꽃(돌꽃)

红景天 liong jing tian | 돌나물과 | *Rhodiola rosea* L. | 다년초

북백두(북파) 해발 2200m 2003.6.30.

백두산 고산초원과 수목한계선의 물기 많은 계곡 주변에 자란다. 키는 30cm까지 자라고, 6월 하순부터 7월 중순까지 피는 붉은색 암꽃과 황록색 수꽃은 각각 줄기 끝에 모여 달린다. 눈이 늦게 녹는 곳은 8월 초순까지도 볼 수 있다. 꽃받침잎과 꽃잎, 암술은 각각 4~5개씩이며, 수술은 8~10개이다. 열매는 암술의 개수에 따라 4~5개로 갈라지는데, 이때 아래에서부터 서로 떨어져 있다. 좁은잎돌꽃(*R. angusta*)에 비해 잎이 타원형 또는 장타원형이며, 잎 가장자리가 매끈하거나 둔한 톱니가 있다. 중국식물지에서는 돌꽃(*R. elongata*)을 바위돌꽃의 이명으로 처리하였다. 뿌리는 귀한 약재로 사용된다.

열매

좁은잎돌꽃(가지돌꽃)

长白红景天 chang bai hong jing tian | 돌나물과
Rhodiola angusta Nakai | 다년초

암꽃 북백두(북파) 해발 2600m 2018.7.15.

백두산 고산초원 바위지대 또는 거친 땅에 자란다. 키는 10cm까지 자라고, 7월 초순부터 8월 초순까지 피는 붉은색 암꽃과 노란색 수꽃은 각각 줄기 끝에 모여 달린다. 때로 양성화가 피기도 한다. 꽃받침잎과 꽃잎, 암술은 주로 4개씩이지만, 5~6개인 경우도 있으며, 수술은 8~12개이다. 열매는 붉게 익으며, 암술의 개수에 따라 4~6개로 갈라지는데, 이때 아래에서 절반 정도가 서로 붙어 있다. 바위돌꽃(*R. rosea*)에 비해 잎이 좁은 선형이며, 잎 가장자리가 주로 매끈하지만, 둔한 톱니가 있기도 하다. 가지돌꽃(*R. ramosa*)이라 하여 좁은잎돌꽃보다 잎이 더 좁고, 양성화가 핀다는 개체는 좁은잎돌꽃의 형태 중 하나로 보이며, 중국식물지와 WFO에서도 가지돌꽃을 좁은잎돌꽃의 이명으로 처리하였다.

수꽃 북백두(북파) 해발 2600m 2018.7.15.

양성화

열매

수염패랭이꽃

头石竹 tou shi zhu | 석죽과 | *Dianthus barbatus* var. *asiaticus* Nakai | 다년초

연길시 의란진 고성촌 2008.7.3.

연변 지역의 물기 많은 곳에 자란다. 키는 60cm까지 자라고, 6월 하순부터 7월 중순까지 피는 자주색 머리 모양 꽃은 줄기 끝에 여러 개가 달린다. 꽃 바로 아래에 있는 꽃싸개잎이 잘게 갈라져 수염처럼 보여서 수염패랭이꽃이라 한다.

큰네잎갈퀴

콩과 | *Vicia ramuliflora* (Maxim.) Ohwi | 다년초

화룡시 선봉령 2012.6.11.

연변 지역 해발 1100m 이상과 백두산 해발 1800m의 수목한계선 활엽수림 밑에 자란다. 키는 1m까지 자라고, 6월 하순부터 7월 중순까지 피는 청자색 꽃은 줄기 끝의 잎겨드랑이에서 나온 꽃줄기에 4~9개씩 달린다. 잎은 작은잎 2~4쌍으로 되어 있고, 덩굴손은 없다. 좁은 피침형의 잎을 가진 연리갈퀴(*V. venosa*)와 넓은 타원형의 잎을 가진 네잎갈퀴나물(*V. nipponica*)에 비해 넓은 피침형의 잎을 갖는다. 중국식물지에서는 큰네잎갈퀴의 꽃줄기가 주로 2번 내지 3번 갈라진다고 되어 있으나, 연변 지역과 국내에서는 갈라지지 않는 꽃줄기만 관찰되었기에 보다 면밀한 연구가 필요하다.

두메자운

长白棘豆 chang bai ji dou | 콩과 | *Oxytropis anertii* Nakai ex Kitag. | 다년초

북백두(북파) 해발 2600m 2019.7.15.

백두산 고산초원의 풀밭에 자란다. 키는 10cm까지 자라고, 6월 하순부터 7월 중순까지 피는 자주색 꽃은 잎겨드랑이에 2~8개씩 달린다. 드물게 흰색의 꽃이 핀다. 잎은 뿌리에서 모여 나고, 17~35개의 작은잎으로 되어 있다.

흰꽃

북백두(북파) 해발 2600m 2017.7.12.

북백두(북파) 천문봉 2003.7.2.

애기우산나물

兔儿伞 tu er san | 국화과 | *Syneilesis aconitifolia* (Bunge) Maxim. | 다년초

룽정시 조양천진 2019.7.16.

연변 지역의 양지바른 초원에 자란다. 키는 1.2m까지 자라고, 6월 하순부터 7월까지 피는 연분홍색 머리 모양 꽃은 줄기 끝에 여러 개가 모여 달린다. 우산나물(*S. palmata*)에 비해 잎이 깊게 갈라진다.

꽃

박새

尖被藜芦 jian bei li lu | 백합과 | *Veratrum oxysepalum* Turcz. | 다년초

서백두(서파) 해발 2200m 2013.7.10.

주로 고산의 습지 및 초원에 군락을 이루며 자란다. 최대군락지는 백두산 서쪽 고산화원이다. 해발 1800m 일대를 거점으로 7월 초중순경 박새의 하얀 물결이 사스래나무와 함께 장관을 이룬다. 자생지는 화룡시 선봉령, 선봉령 고산습지, 오십령 습지로 백두산 해발 1600~2000m까지 자생한다. 키는 1m까지 자라고, 6월 하순부터 7월 중순까지 피는 흰색 꽃은 줄기 끝에 여러 개가 달린다.

꽃

좀참꽃

叶状苞杜鹃 ye zhuang bao du juan | 진달래과

Rhododendron redowskianum Maxim. | 상록소관목

서백두(서파) 해발 2250m 2008.7.1.

백두산 고산초원 해발 1900~2400m 지역의 이끼가 형성된 바위지대에 주로 자란다. 키는 10cm까지 자라고, 줄기가 아래에서 갈라져 옆으로 눕는다. 6월 하순부터 7월 하순까지 피는 분홍색 꽃은 햇가지 끝에 1~3개씩 달린다. 5갈래로 갈라진 꽃은 반달 모양으로 펼쳐져 있고, 잎은 가지 끝에 모여 나며, 가장자리에 털이 있다.

| 조선식물지 |

· 북부 고산에 자생

열매

각시투구꽃

高山乌头 gao shan wu tou

미나리아재비과

Aconitum monanthum Nakai | **다년초**

남백두(남파) 해발 2100m 2008.7.20.

백두산 해발 1700~2200m 지점의 숲속과 물기가 많은 초원지역에 자라며 가끔 이끼가 형성된 바위틈에 뿌리를 내리고 자란다. 6월 하순부터 7월 하순까지 피는 보라색 꽃은 줄기 끝에 1~3개가 달린다. 잎몸이 7cm 이하로 작고, 깊게 갈라지며, 줄기와 꽃자루에 털이 없는 특징을 갖는다. 열매는 3갈래로 갈라진다. 양지바른 초원에 자라는 것은 키가 30cm까지 자라고, 잎과 꽃의 색이 진하지만, 숲속 그늘에서 자라는 것은 키가 더 크고, 잎과 꽃의 색이 연하며, 전체적으로 연약한 느낌이 든다.

| 개화시기별 탐사장소 |

- 6월 30일~7월 15일: 북백두 소천지, 장백폭포 일대
- 7월 16일~30일: 백두산 수목한계선 해발 2200m 초원지대
- 조선식물지: 북부(백두산 관모봉, 설령) 높은 산마루에 자생

새싹

긴개싱아

阿扬神血宁 a yang shen xue ning | 마디풀과

Aconogonon ajanense (Regel & Tiling) H. Hara | 다년초

북백두(북파) 흑풍구 2017.7.15.

백두산 해발 1600m 이상과 고산초원 해발 2300m까지의 거친 땅에 자란다. 키는 30cm까지 자라고, 6월 하순부터 7월 하순까지 피는 흰색 꽃은 줄기 끝에 여러 개가 달린다. 잎은 길쭉한 피침형으로 양면이나 뒷면에 거센 털이 있는 것이 특징이다. 국내에서는 긴개싱아를 싱아속에 포함시켰으나, 중국식물지에서는 마디풀속(*Polygonum ajanense*)에 포함시켰다.

숙은꽃장포

长白岩菖蒲 chang bai yan chang pu | 백합과

Tofieldia coccinea Richardson | 다년초

북백두(북파) 해발 2200m 2013.7.1.

백두산 고산초원 및 해발 1700m 일대의 이끼가 많은 바위틈에 자란다. 키는 16cm까지 자라고, 6월 하순부터 7월 하순까지 피는 붉은빛의 흰색 꽃은 줄기 끝에 여러 개가 달린다. 꽃이 좀 더 성글고 꽃자루가 긴 한라꽃장포는 한라산에 자생하며 국내에서 숙은꽃장포의 변종으로 처리되었지만, WFO에서는 숙은꽃장포와 동일종으로 처리되고 있다.

흰꽃

한라꽃장포

개제비란

凹舌掌裂兰 ao she zhang lie lan | **난초과**

Dactylorhiza viridis (L.) R. M. Bateman & Pridgeon & M. W. Chase | **다년초**

북백두(북파) 해발 2150m 2003.7.4.

백두산 수목한계선 및 고산초원에만 자란다. 키는 45cm까지 자라고, 6월 하순부터 7월 하순까지 피는 황록색 꽃은 줄기 끝에 여러 개가 달린다. 잎은 3~5개이고, 국내 다른 난초들에 비해 거가 짧은 주머니처럼 생겼다. 입술꽃잎은 끝이 3갈래로 갈라지는데, 가운데 갈래가 가장 짧다. 입술꽃잎의 3갈래 길이가 서로 비슷한 것을 포태제비란(*D. viridis* var. *coreana*)으로 구분하기도 하였으나, 개제비란과 통합하는 추세이다.

안도현 풍산촌 2007.7.5.

솔나리

垂花百合 chui hua bai he | 백합과
Lilium cernuum Kom. | 다년초

연변 전 지역의 바위지대 및 숲 가장자리와 초원형 습지에 자란다. 키는 65cm까지 자라고, 지역에 따라 6월 하순부터 개화가 시작되어 8월 초순까지 꽃을 볼 수 있다. 줄기 끝에 2~15개로 달리는 꽃은 분홍색이다. 솔나리라는 말은 소나무 잎처럼 바늘 모양의 잎을 가진 나리라는 의미이다.

| 개화시기별 탐사장소 |

- 6월 25일~7월 5일: 훈춘시(소판령), 도문시(장안진), 연길시(삼도진)
- 7월 5일~20일: 안도현(풍산촌), 룡정시(삼합진, 개산툰진), 화룡시
- 7월 20일~8월 5일: 화룡시(숭선진, 광평촌, 두만강 발원지)

꽃

잎

손바닥난초

手参 shou shen | **난초과** | *Gymnadenia conopsea* (L.) R. Br. | **다년초**

서백두(서파) 고산화원 해발 1600m 2010.7.20.

백두산 고산초원 및 고산화원과 연변 지역의 물기 많은 곳에 자란다. 키는 60cm까지 자라고, 6월 하순부터 8월 초순까지 피는 분홍색(드물게 흰색) 꽃은 줄기 끝에 여러 개가 달린다. 손바닥처럼 생긴 뿌리를 갖는다.

| 개화시기별 탐사장소 |

· 6월 25일~7월 5일: 왕청현, 안도현, 서백두 왕지 · 7월 6일~20일: 두만강 발원지, 오십령 고산화원, 원지, 화룡시, 광평촌 · 7월 21일~8월 5일: 백두산 고산초원 해발 2100m

꽃

흰꽃

자주황기

达乌里黄耆 da wu li huang qi | 콩과 | *Astragalus dahuricus* (Pall.) DC. | 다년초

화룡시 숭선진 두만강 발원지 2008.7.11.

연변 지역 또는 백두산 해발 1700m 양지바른 풀밭이나 도로변 물기 많은 곳에 자란다. 키는 65cm까지 자라고, 곧게 서며, 전체에 흰털이 있다. 6월 하순부터 8월 중순까지 피는 자주색 꽃은 잎겨드랑이에 25개까지 달린다. 잎은 작은잎 9~19개로 되어 있다.

비로용담

长白山龙胆 chang bai shan long dan | **용담과**
Gentiana jamesii Hemsl. | **다년초**

서백두(서파) 해발 2250m 2012.8.5.

백두산 주변 습지 및 백두산 고산초원에 자란다. 키는 20cm까지 자라고, 6월 하순부터 8월 중순까지 피는 파란색 꽃은 가지 끝에 적은 수가 달린다. 꽃이 가장 많이 피는 시기와 장소는 8월 초순의 서백두 해발 2400m 일대이다.

왜우산풀

棱子芹 leng zi qin | 산형과 | *Pleurospermum uralense* Hoffm. | 다년초

서백두(서파) 왕지 2018.8.2.

서백두 왕지 초원 및 고산화원 등지의 물기 많은 곳에 자란다. 키는 2m까지 자라고, 6월 하순부터 7월 하순까지 피는 흰색 꽃은 줄기 끝과 잎겨드랑이에서 나온 꽃줄기에 여러 개의 우산 모양으로 크게 달린다. 우산 모양 꽃차례 아래에 있는 꽃싸개잎이 잎처럼 갈라져 있는 것이 특징이다. 뿌리와 줄기, 잎에서 강한 냄새가 난다. 누룩치라고도 한다.

꽃

애기금매화

长白金莲花 chang bai jin lian hua | 미나리아재비과

Trollius japonicus Miquel | 다년초

서백두(서파) 해발 2250m 2018.7.13.

백두산 혼합수림 및 고산초원과 선봉령 해발 1200m 이상의 고산습지 등 물기가 풍부한 곳에 자란다. 키는 60cm까지 자라고, 6월 하순부터 8월 초순까지 피는 노란색 꽃은 줄기와 가지 끝에 1개씩 달린다. 꽃잎처럼 보이는 꽃받침잎은 5~7개이고, 9개 이상인 꽃잎은 선형의 꿀샘으로 변해 있으며, 수술과 길이가 거의 같거나 작고 수술보다 약간 진한 색이어서 잘 보이지 않는다. 중국식물지에서는 중국 내 애기금매화의 유일한 자생지로 백두산을 언급하고 있으며, 금매화(*T. ledebourii*)는 연변 지역에 자생하지 않는다고 한다.

| 개화시기별 탐사장소 |

- 6월 20일~7월 10일: 오십령, 선봉령 고산습지
- 7월 10일~25일: 백두산 해발 2300m 이하
- 7월 25일~8월 5일: 백두산 해발 2500m 이하

북백두(북파) 해발 2150m

큰금매화

金莲花 jin lian hua | 미나리아재비과 | *Trollius chinensis* Bunge | 다년초

돈화시 액목진 액목 습지 2006.7.15.

연변 전 지역 해발 1000m 이하의 습지 및 숲 가장자리의 물기가 많은 곳에 자란다. 개체수가 가장 많은 곳은 화룡시 광평촌 두만강 상류의 습지와 돈화시 액목 습지이다. 키는 1.5m까지 자라고, 7월 중순부터 8월 초순까지 피는 진한 노란색 꽃은 줄기와 가지 끝에 1개씩 달린다. 꽃잎처럼 보이는 꽃받침잎은 5~19개이고, 18~21개의 꽃잎은 선형으로 위로 솟아 있으며, 꽃잎의 길이는 수술보다는 길고 꽃받침잎보다는 길거나 같은 것이 특징이다. 꽃받침의 수와 꽃잎의 길이에 변이가 많아서 기존에 사용되던 학명(*T. macropetalus*)은 이명처리되는 추세이다.

씨범꼬리

珠芽拳参 zhu ya quan shen | 마디풀과 | *Polygonum viviparum* L. | 다년초

북백두(북파) 녹명봉 2003.8.5.

백두산 고산초원을 비롯하여 주변 해발 900m이상의 거친 땅에 자란다. 키는 60cm까지도 자라고, 6월 하순부터 8월 중순까지 피는 분홍빛이 도는 흰색 꽃은 줄기 끝에 여러 개가 빽빽하게 달린다. 꽃차례 아랫부분에 무성생식을 하는 주아(씨눈)가 달리는 특징을 갖는다.

| 개화시기별 탐사장소 |

- 6월 25일~7월 10일: 두만강 발원지, 쌍목봉, 원지
- 7월 10일~25일: 북백두 소천지, 서백두 왕지
- 7월 26일~8월 15일: 백두산 고산초원

꽃

범꼬리

耳叶拳参 er ye quan shen | 마디풀과

Polygonum manshuriense Petrov ex Kom. | 다년초

화룡시 선봉령 해발 1400m 2016.7.10.

현재까지 유일한 자생지는 선봉령 해발 1200m 이상의 물기 많은 곳이다. 키는 1m까지 자라고, 7월 초순부터 하순까지 피는 연한 분홍색 꽃은 줄기 끝에 여러 개가 빽빽하게 달린다. 호범꼬리(*P. ochotense*)에 비해 잎에 털이 없다.

호범꼬리

倒根拳参 dao gen quan shen | 마디풀과

Polygonum ochotense Petrov ex Kom. | 다년초

북백두(북파) 해발 2600m 2017.7.15.

백두산 고산초원의 거친 땅에 자란다. 키는 40cm까지 자라고, 7월 초순부터 8월 초순까지 피는 연한 분홍색 꽃은 줄기 끝에 여러 개가 빽빽하게 달린다. 범꼬리(*P. manshuriense*)에 비해 잎 뒷면에 회백색 털이 밀생한다.

꽃

남백두(남파) 4호경계비 2018.6.16.

북백두(북파) 천문봉 2016.7.15.

나도수영

山蓼 shan liao | 마디풀과 | *Oxyria digyna* (L.) Hill | 다년초

서백두(서파) 5호경계비 2003.8.1.

백두산 고산초원의 거친 땅에 자란다. 키는 35cm까지 자라고, 7월 초순부터 8월 초순까지 피는 적녹색 꽃은 줄기 끝에 여러 개가 달린다. 마디풀과 식물 중에서 잎이 콩팥 모양인 점으로 구분된다.

잎

벼룩이울타리

老牛筋 lao niu jin | **석죽과** | *Eremogone juncea* (M. Bieb.) Fenzl | **다년초**

화룡시 서성진 2007.7.6.

연변 지역의 초원에서만 자란다. 자생지는 많으나 개체수는 많지 않다. 키는 60cm까지 자라고, 7월 초순부터 중순까지 피는 흰색 꽃은 줄기 끝과 잎겨드랑이에 여러 개가 달린다. 벼룩이자리(*Arenaria serpyllifolia*)에 비해 잎이 긴 선형인 점이 다르다.

땃두릅나무

刺参 ci shen | 두릅나무과 | *Oplopanax elatus* (Nakai) Nakai | 낙엽관목

무송현 만강진(지남구) 오십령 2018.7.13.

오십령과 남백두 일대에서만 자생을 확인하였다. 개체수가 가장 많은 곳은 오십령 해발 1300~1900m의 숲속이다. 키는 3m까지 자라고, 줄기에 긴 가시가 빽빽하게 나 있다. 7월 초순부터 중순까지 피는 황록색 꽃은 갈라진 가지 사이에 나온 꽃줄기에 6~12개씩 여러 뭉치가 달린다. 꽃잎과 수술은 5개이고, 암술대는 2개이며 기부가 융합되어 있다. 꽃은 양성화로 피지만 암술 또는 수술만 크게 발달한다. 열매는 8월 초에 붉은색으로 익는다.

열매

검은낭아초

沼委陵菜 zhao wei ling cai | 장미과
Comarum palustre L. | 다년초

안도현 이도백하진(지북구) 황송포 습지 2019.7.14.

연변 지역의 각 습지 및 황송포 습지에 자란다. 키는 60cm까지 자라고, 7월 초순부터 중순까지 피는 진한 자주색 꽃은 줄기 끝에 여러 개가 달린다. 꽃잎처럼 보이는 꽃받침잎 사이사이에 그보다 작은 꽃잎이 있다.

꽃

좀딸기

蛇莓委陵菜 she mei wei ling cai

장미과 | *Potentilla centigrana* Maxim.

다년초

화룡시 선봉령 해발 1400m 2019.7.15.

선봉령 및 오십령 해발 1200m 이상의 물기 많은 곳이나 작은 계곡 주변에 자란다. 키는 50cm까지 자라고, 줄기가 옆으로 기면서 뿌리를 내린다. 7월 초순부터 중순까지 피는 노란색 꽃은 잎겨드랑이에 나온 꽃줄기에 2~3개씩 달린다. 잎은 작은잎 3개로 되어 있다.

잎

룽정시 조양천진 2019.7.11.

실쑥

线叶菊 xian ye ju | 국화과
Filifolium sibiricum (L.) Kitam.
다년초

연변 지역의 초원 또는 척박한 암석 지대에도 자란다. 키는 60cm까지 자라고, 7월 초순부터 중순까지 피는 노란색 머리 모양 꽃은 줄기 끝에 여러 개가 달린다. 잎이 실처럼 가늘게 갈라지는 특징을 갖는다.

| 세부 자생지 |

· 룽정시(조양천진, 동성용진, 백금향), 왕청현(배초구진), 화룽시(남평진, 숭선진)

꽃

금혼초

猫儿菊 mao er ju | 국화과

Hypochaeris ciliata (Thunb.) Makino

다년초

화룡시 숭선진 2010.7.10.

연변 전 지역의 초원지대에 자란다. 키는 60cm까지 자라고, 7월 초순부터 중순까지 피는 진한 노란색 머리모양 꽃은 줄기 끝에 1개가 달린다. 서양금혼초(*H. radicata*)와는 다르게 줄기에도 잎이 달린다.

꽃

풀산딸나무

草茱萸 cao zhu yu | 층층나무과 | *Cornus canadensis* L. | 상록소관목

북백두(북파) 지하삼림 2003.7.11.

백두산 지하삼림에서만 자생을 확인하였으며, 개체수도 약 20포기 정도로 적다. 키는 15cm까지 자라고, 7월 초순부터 중순까지 피는 꽃은 줄기 끝에 여러 개가 달린다. 하나의 꽃처럼 보이는 것은 4개의 흰색 꽃싸개잎에 20~25개의 황록색 꽃이 모여 있는 것이다. 층층나무속 식물 중에서 키가 가장 작다.

산속단

长白糙苏 chang bai cao su | 꿀풀과 | *Phlomis koraiensis* Nakai | 다년초

남백두(남파) 금강폭포 2012.7.15.

백두산 수목한계선 일대 및 선봉령과 오십령 일대에 자란다. 최대군락지는 서백두 고산화원이다. 키는 60cm까지 자라고, 7월 초순부터 중순까지 피는 분홍색 꽃은 줄기 끝에 층층으로 달린다.

열매

개병풍

大叶子 da ye zi | 범의귀과

Astilboides tabularis (Hemsl.) Engl.

다년초

무송현 만강진(지남구) 오십령 2014.7.15.

서-남백두, 오십령, 장백현 일대의 사면 또는 숲속에 자란다. 개체수가 가장 많은 곳은 오십령 해발 1400m 일대와 장백현 해발 1000m 일대이다. 키는 1.5m까지 자라고, 줄기와 잎자루에 거센 털이 많다. 7월 초순부터 중순까지 피는 흰색 꽃은 줄기 끝에 모여 달린다. 잎은 방패 모양으로 지름이 80cm가 넘는 것도 있어 국내 육상식물 중에서 가장 큰 잎을 가지고 있다. 국내 멸종위기2급 식물이다.

꽃

잎

청닭의난초

细毛火烧兰 xi mao huo shao lan | 난초과
Epipactis papillosa Franch. & Sav. | 다년초

안도현 이도백하진(지북구) 내두산 2010.7.9.

현재까지 확인된 자생지는 두 곳(이도백하진 내두산 마을과 서백두 왕지)으로 침엽수림 또는 숲 가장자리의 물기 많은 곳에 자란다. 키는 70cm까지 자라고, 전체에 털이 있다. 7월 초순부터 중순까지 피는 황록색 꽃은 줄기 끝에 5~15개 이상으로 달린다.

닭의난초

尖叶火烧兰 jian ye huo shao lan | **난초과**

Epipactis thunbergii A. Gray | **다년초**

돈화시 액목진 액목 습지 2010.7.13.

유일한 자생지는 돈화시 액목 습지이다. 액목 습지는 15km 범위에 8개로 나뉘어져 있는데, 그중 2번째 습지에만 자생한다. 키는 70cm까지 자라고, 전체에 털이 거의 없다. 7월 중순부터 개화하지만, 개화기간이 짧아 정확한 개화시기를 맞추지 못하면 제대로 핀 꽃을 관찰할 수 없다. 개체수 또한 약 100포기 내외로 해마다 변동이 심하다. 줄기 끝에 3~15개로 달리는 꽃은 노란색이다.

나도씨눈란

角盘兰 jiao pan lan | 난초과 | *Herminium monorchis* (L.) R. Br. | 다년초

서백두(서파) 왕지 2017.7.10.

백두산 일대의 숲 가장자리 또는 초원형 습지에 자란다. 확인한 자생지는 서백두 왕지 일대와 오십령 만천어봉 두 곳이다. 키는 35cm까지 자라고, 7월 초순부터 중순까지 피는 녹색 꽃은 줄기 끝에 여러 개가 달린다. 씨눈난초(*H. lanceum* var. *longicrure*)와 같이 입술꽃잎이 3갈래로 갈라지지만, 가운데 갈래가 더 긴 점이 다르다.

너도제비란

난초과 | *Ponerorchis joo-iokiana* (Makino) Soó | 다년초

무송현 만강진(지남구) 오십령 2018.7.15.

현재까지 서백두 왕지와 오십령 해발 1200m 지역에서만 자생을 확인하였다. 초원형 습지와 물기 많고 양지바른 사면 등지에 자란다. 키는 30cm까지 자라고, 7월 초순부터 중순까지 피는 분홍색 꽃은 줄기 끝에 3~10개가 달린다. 자생지가 한정되어 있고 개체수가 적어 사라질 위험성이 아주 높다.

보풀

택사과 | *Sagittaria aginashii* Makino
다년초

안도현 신합향 신합 습지 2008.7.13.

연변 지역의 강 주변 및 물웅덩이에 자란다. 키는 80cm까지 자라고, 7월 초순부터 중순까지 피는 흰색 꽃은 줄기 아래쪽에 암꽃이 달리고, 위쪽에 수꽃이 달린다. 벗풀(*S. trifolia*)과 닮았으나 땅속으로 뻗는 줄기가 없으며, 잎겨드랑이에 작은 알줄기(주아)들이 달리는 특징을 갖는다. 잎의 형태는 변이가 많기 때문에 분류의 기준이 되지 않는다.

알줄기

대택소귀나물

浮叶慈姑 fu ye ci gu | **택사과** | *Sagittaria natans* Pall. | **다년초**

안도현 신합향 신합 습지 2008.7.18.

연변 지역 고인 물속에 자란다. 잎이 물위에 뜨거나 물속에 잠겨 있다. 7월 초순부터 하순까지 피는 흰색 꽃은 줄기 아래쪽에 암꽃이 달리고, 위쪽에 수꽃이 달린다. 벗풀(*S. trifolia*)과 닮았으나 물위로 올라오는 잎이 없다. 잎의 모양은 화살형, 선형, 피침형, 타원형으로 다양하다.

끈끈이주걱

圆叶茅膏菜 yuan ye mao gao cai

끈끈이귀개과

Drosera rotundifolia L. | 다년초

안도현 이도백하진(지북구) 쌍목봉 2012.7.1.

백두산 주변의 습지 또는 물기 많은 도랑 같은 곳에 자란다. 키는 20cm까지 자라고, 7월 초순부터 중순까지 피는 줄기 끝에 여러 개가 달리며, 오전 11시부터 오후 3시 사이에만 개화한다. 개체수가 가장 많은 곳이며 관찰이 용이한 곳은 이도백하진 황송포 습지와 쌍목봉 주변, 선봉령 고산습지이다.

잎

꽃

긴잎끈끈이주걱

끈끈이귀개과 | *Drosera anglica* Huds. | 다년초

화룡시 선봉령 고산습지 2019.7.4.

현재까지 확인한 자생지는 선봉령 고산습지가 유일하나 개체수는 많다. 키는 25cm까지 자라고, 7월 중순부터 하순까지 피는 흰색 꽃은 줄기 끝에 여러 개가 달린다. 끈끈이주걱과 마찬가지로 햇빛이 가장 강한 낮에만 개화한다.

용머리

光萼青兰 guang e qing lan | 꿀풀과

Dracocephalum argunense Fisch. ex Link | 다년초

룽정시 조양천진 2019.7.11.

연변 지역의 초원에 자란다. 키는 50cm까지 자라고, 7월 초순부터 하순까지 피는 보라색 꽃은 줄기 끝에 모여 달린다. 가끔 분홍색과 흰색의 꽃을 볼 수도 있다.

분홍꽃

흰꽃

벌깨풀(바위용머리)

毛建草 mao jian cao | 꿀풀과 | *Dracocephalum rupestre* Hance | 다년초

화룡시 서성진 2009.7.30.

연변 지역에서 자생을 확인한 곳은 화룡시 서성진의 물기 많은 바위지대가 유일하다. 키는 30cm까지 자라고, 7월 중순부터 8월 초순까지 피는 보라색 꽃은 줄기 끝에 모여 달린다.

황금

黄芩 huang qin | 꿀풀과 | *Scutellaria baicalensis* Georgi | 다년초

룽정시 조양천진 2019.7.11.

연변 지역 초원 또는 사질토 같은 메마른 땅에서도 잘 자란다. 키는 60cm까지 자라고, 7월 중순부터 8월 초순까지 피는 보라색 꽃은 줄기 끝에 여러 개가 한쪽으로 치우쳐 달린다. 국내에 자라는 황금은 중국에서 약재로 들여와 재배하던 것이 야생화한 것이다.

털동자꽃

剪秋罗 jian qiu luo | 석죽과 | *Lychnis fulgens* Fisch. | 다년초

화룡시 숭선진 광평촌 2007.7.20.

연변 지역 및 백두산 주변 습지 또는 물기 많은 숲 가장자리에 자란다. 키는 85cm까지 자라고, 7월 초순부터 하순까지 피는 다홍색 꽃은 줄기 끝에 여러 개가 모여 달린다. 꽃받침을 비롯한 전체에 길고 흰털이 많으며, 제비동자꽃(*L. wilfordii*)에 비해 꽃잎이 덜 갈라진다.

꽃

양꽃주머니(줄꽃주머니)

荷包藤 he bao teng | 양귀비과 | *Adlumia asiatica* Ohwi | 다년초

무송현 만강진(지남구) 2015.7.30.

이도백하진과 만강진에서 자생을 확인하였으나, 현재 만강진의 개체는 사라졌으며, 이도백하진 지역은 개체수와 자생 위치가 매년 바뀐다. 길가의 양지바른 곳에 자라며, 덩굴로 뻗어나가는 줄기는 3m까지도 자란다. 7월 초순부터 하순까지 피는 연한 분홍색 꽃은 잎겨드랑이에 여러 개가 모여 달린다. 줄꽃주머니라고도 하나, 조선식물지에 양꽃주머니라는 이름으로 먼저 기재되었기에 이를 따랐다.

자주꽃방망이

聚花风铃草 ju hua feng ling cao | **초롱꽃과**

Campanula glomerata subsp. *speciosa* (Hornem. ex Spreng.) Domin | **다년초**

화룡시 선봉령 해발 1400m 2010.7.15.

연변 지역 및 백두산 해발 2200m 고산초원까지 자란다. 키는 1m까지 자라고, 전체에 털이 많다. 7월 초순부터 하순까지 피는 자주색(드물게 흰색) 꽃은 줄기 윗부분의 잎겨드랑이에 모여 달린다.

원지

远志 yuan zhi | 원지과 | *Polygala tenuifolia* Willd. | 다년초

화룡시 숭선진 2010.7.11.

연변 지역의 건조한 풀밭에 자란다. 키는 50cm까지 자라고, 7월 초순부터 하순까지 피는 보랏빛이 도는 흰색 꽃은 줄기 끝에 여러 개가 달린다. 꽃잎처럼 보이는 꽃받침잎이 5개이고, 꽃잎은 3개로, 밑부분이 합쳐져 있으며, 가운데 꽃잎은 끝이 술 모양으로 갈라져 있다. 잎은 선형이다.

린네풀

北极花 bei ji hua | 인동과 | *Linnaea borealis* L. | 상록소관목

무송현 만강진(지남구) 오십령 해발 1500m 2006.7.13.

백두산 주변 및 해발 1900m 이하 숲속의 습한 곳에 자란다. 키는 15cm까지 자라고, 풀이 아닌 나무로, 줄기가 옆으로 뻗으며, 마디에서 뿌리가 나온다. 7월 초순부터 하순까지 피는 분홍빛의 흰색 꽃은 햇가지 끝에 2개씩 달린다.

잎

열매

선투구꽃

草地乌头 cao di wu tou

미나리아재비과

Aconitum umbrosum (Korsh.) Kom.

다년초

무송현 만강진(지남구) 오십령 2006.7.13.

선봉령, 오십령, 백두산 수목한계선 등 비교적 높은 산의 숲속 습한 곳에 자란다. 키는 1.3m까지 자라고, 7월 초순부터 하순까지 피는 황백색 꽃은 줄기 끝에 7~20개가 성기게 달린다. 잎은 5갈래로 갈라지고, 열매는 주로 3갈래로 갈라진다. 노랑투구꽃(*A. barbatum* var. *hispidum*)에 비해 거가 짧으며, 그 끝이 둥글다.

열매

노랑투구꽃

西伯利亚乌头 xi bo li ya wu tou | 미나리아재비과

Aconitum barbatum var. *hispidum* (DC.) Ser. | 다년초

안도현 신합향 2009.7.20.

연변 전 지역 사면 및 숲 가장자리의 물기 많은 곳에 자란다. 최대군락지는 안도현 신합향과 만보진이다. 키는 1.1m까지 자라고, 7월 중순부터 8월 초순까지 피는 황백색 꽃은 줄기 끝에 여러 개가 빽빽하게 달린다. 열매는 주로 3갈래로 갈라진다. 선투구꽃(*A. umbrosum*)에 비해 거가 길고, 그 끝이 뾰족하다.

오리나무더부살이

草苁蓉 cao cong rong | 열당과

Boschniakia rossica (Cham. & Schltdl.) B. Fedtsch. | 1년초

북백두(북파) 소천지 2009.7.9.

백두산 수목한계선 일대의 오리나무 뿌리에 기생한다. 키는 35cm까지 자라고, 7월 초순부터 하순까지 피는 흑자색 꽃은 줄기 끝에 빽빽하게 달린다. 약재로 무분별하게 채취되어 해마다 개체수가 급감하고 있다.

개구릿대

狭叶当归 xia ye dang gui | **산형과** | *Angelica anomala* Avé-Lall. | **다년초**

서백두(서파) 왕지 2018.8.2.

서백두 왕지 및 고산화원의 물기 많은 초원에 자란다. 키는 1.5m까지 자라고, 7월 중순부터 8월 중순까지 피는 흰색 꽃은 줄기와 가지 끝에 나온 꽃줄기에 여러 개의 우산 모양으로 달린다. 줄기는 자주색이고, 털이 많다.

꽃

방풍

防风 fang feng | 산형과 | *Saposhnikovia divaricata* (Turcz.) Schischk. | 다년초

도문시 월청진 2009.7.7.

연변 지역의 초원에 자란다. 키는 80cm까지 자라고, 줄기 아래에서 가지가 많이 갈라진다. 7월 초순부터 하순까지 피는 흰색 꽃은 줄기 끝에 여러 개의 우산 모양으로 달린다. 자생지가 매우 좁으며 개체수도 많지 않다. 세부 자생지는 도문시, 룡정시(동성용진), 화룡시(동남촌), 연길시(팔도형) 일대이다. 방풍의 뿌리와 효능이 비슷하여 대용으로 쓰이는 것은 갯기름나물(*Peucedanum japonicum*)과 갯방풍(*Glehnia littoralis*)이며, 우리가 흔히 먹는 분백색의 방풍나물은 갯기름나물의 잎이다. 방풍의 잎은 갯기름나물과 갯방풍과는 달리 가늘게 갈라져 있다.

꽃

갯기름나물

갯방풍

개회향

岩茴香 yan hui xiang | 산형과

Ligusticum tachiroei (Franch. & Sav.) M. Hiroe & Constance | 다년초

서백두(서파) 해발 2250m 2018.8.1.

백두산 고산초원의 양지바른 곳에 자란다. 키는 30cm까지 자라고, 7월 초순부터 8월 초순까지 피는 흰색 꽃은 줄기와 가지 끝에 5~10개씩의 우산 모양으로 달린다. 고본(*L. tenuissimum*)과 닮았으나, 각 낱꽃에 달린 꽃받침의 갈래조각이 끝까지 남아 있는 점이 다르다.

꽃(꽃받침 갈래조각이 보임)

잎

고본

细叶藁本 xi ye gao ben | 산형과
Ligusticum tenuissimum (Nakai) Kitag. | 다년초

북백두(북파) 흑풍구 2019.7.15.

백두산 해발 2200m 이하 초원과 수목한계선 일대 바위틈에 자란다. 키는 1m까지도 자라고, 7월 중순부터 8월 초순까지 피는 흰색 꽃은 줄기와 가지 끝에 10~20개씩의 우산 모양으로 달린다. 개회향(*L. tachiroei*)과 닮았으나, 각 낱꽃에 달린 꽃받침의 갈래조각이 퇴화되어 없는 점이 다르다.

꽃

부전바디

长白高山芹 chang bai gao shan qin | 산형과
Angelica nakaiana (Kitag.) Pimenov | 다년초

서백두(서파) 해발 2250m 2019.7.14.

백두산 고산초원에만 자란다. 키는 40cm까지 자라고, 7월 초순부터 하순까지 피는 홍백색 꽃은 줄기 끝에 여러 개의 우산 모양으로 달린다. 부전바디와 닮은 고산바디(*A. saxatilis*)는 키가 80cm까지 자라고, 잎에 있는 거치의 끝이 단순히 뾰족한 것에 비해, 부전바디의 잎 거치 끝은 가시처럼 되는 점이 다르다.

잎

등대시호

大苞柴胡 da bao chai hu | 산형과

Bupleurum euphorbioides Nakai | 1년초 또는 2년초

서백두(서파) 해발 2250m 2018.8.1.

백두산 고산초원 및 왕지 초원의 물기 많은 곳에 자란다. 키는 60cm까지 자라고, 7월 중순부터 8월까지 피는 황록색 꽃은 줄기 끝에 우산 모양으로 달린다. 여러 개의 낱꽃을 5개의 넓은 꽃싸개잎이 받치고 있는 것이 특징이다.

열매

좁은잎어수리

狭叶短毛独活 xia ye duan mao du huo

산형과 | *Heracleum moellendorffii* var. *subbipinnatum* (Franch.) Kitag. | **다년초**

서백두(서파) 해발 2250m 2018.8.1.

백두산 고산초원의 양지바른 곳에 자란다. 키는 2m까지 자라고, 7월 하순부터 8월 중순까지 피는 흰색 꽃은 줄기와 가지 끝에 여러 개가 우산 모양으로 달린다. 어수리(*H. moellendorffii*)에 비해 잎이 좁게 갈라지는 것을 특징으로 하여, 중국식물지와 WFO에서는 변종으로 취급하지만, 연속변이가 관찰되므로 추후 어수리와 함께 통합하는 것을 지지한다.

나도황기

拟蚕豆岩黄耆 ni can dou yan huang qi | 콩과

Hedysarum vicioides subsp. *japonicum* (Fedtsch.) B. H. Choi & H. Ohashi | 다년초

북백두(북파) 장백폭포 2008.7.7.

백두산 해발 1600m 이상 및 백두산 고산초원 해발 2300m의 양지바른 풀밭이나 숲 가장자리에 자란다. 키는 50cm까지 자라고, 7월 초순부터 하순까지 피는 황백색 꽃은 줄기 끝에 여러 개가 달린다. 잎은 작은잎 9~21개로 되어 있다. 개황기(*A. uliginosus*)에 비해 키가 작고, 옆으로 퍼지며, 전체에 털이 거의 없고, 열매가 염주 모양으로 달리는 것이 특징이다. 중국식물지에서는 이 종의 학명으로 WFO에서 이명으로 처리된 *H. ussuriense*를 사용한다.

구상난풀

松下兰 song xia lan | 진달래과
Monotropa hypopitys L. | 다년초

연길시 모아산 2019.7.17.

연변 지역 침엽수림의 습한 곳에 자란다. 키는 20cm까지 자라고, 7월 초순부터 하순까지 피는 연갈색 꽃은 줄기 끝에 2~11개가 아래를 향해 달리며, 열매가 맺히면 곧게 선다. 꽃받침잎은 3~5개, 꽃잎은 4~6개이고, 주로 털이 많으며, 입구가 두툼한 깔때기 모양의 암술머리는 노란색이다. 잎은 퇴화되어 비늘처럼 생겼다. 꽃잎 안쪽에 털이 거의 없는 것을 변종(너도수정초, *M. hypopitys* var. *glaberrima*)으로 구분하기도 하였으나, 현재는 구상난풀로 처리한다.

서백두(서파) 왕지 2015.7.20.

수정난풀

水晶兰 shui jing lan | 진달래과 | *Monotropa uniflora* L. | 다년초

서백두 왕지 주변 숲속과 로수하진 숲속의 습한 곳에서 자생을 확인하였다. 키는 20cm까지 자라고, 7월 중순부터 하순까지 피는 흰색 꽃은 줄기 끝에 1개가 아래를 향해 달리며, 열매가 맺히면 곧게 선다. 꽃받침잎은 3~5개, 꽃잎은 3~8개이고, 꽃잎에 주로 털이 있으며, 입구가 두툼한 깔때기 모양의 암술머리는 연갈색이다. 잎은 퇴화되어 비늘처럼 생겼다. 수정난풀은 열매가 5개로 갈라지고 여름(7월)부터 개화하는 데 반해, 수정난풀과 닮은 나도수정초(*Monotropastrum humile*)는 열매가 갈라지지 않고(장과), 봄(4월)부터 개화하는 것이 다르다.

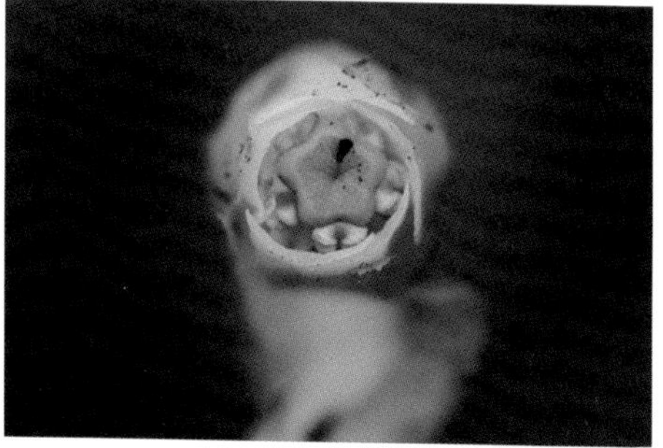
암술머리

나도수정초

인가목

刺蔷薇 ci qiang wei | 장미과 | *Rosa acicularis* Lindl.| 낙엽관목

무송현 송강하진(지서구) 개서림장 2019.7.7.

백두산 주변 해발 1000~1500m의 물기 많은 곳에 자란다. 키는 3m까지 자라고, 7월 초순부터 하순까지 피는 분홍색 꽃은 가지 끝에 1개 내지 2~3개씩 달린다. 인가목은 북반구에 광범위하게 분포하며, 형태적인 변이가 많아서 학자마다 여러 변종을 제시하였지만, 그 변종들 간에도 중간형태가 나타나는 등 동정에 어려움이 있어 중국식물지에서는 인가목 한 종으로 통합하였다. 열매의 형태도 가장 흔한 길쭉한 모양에서부터 둥그런 모양까지 다양하다. 꽃자루에 주로 샘털이 많다.

생열귀나무(붉은인가목)

山刺玫 shan ci mei | 장미과 | *Rosa davurica* Pall. | 낙엽관목

연길시 모아산 2019.6.13.

연변 전 지역 및 백두산 해발 1500m 이하의 초원에 자란다. 키는 1.5m까지 자라고, 6월부터 7월까지 피는 분홍색 꽃은 가지 끝에 1개 또는 2~3개씩 달린다. 인가목(*R. acicularis*)에 비해 잎의 거치가 얕고, 잎 뒷면에 끈적이는 선점이 있다. 열매는 둥글다.

어리곤달비

狭苞橐吾 xia bao tuo wu | 국화과 | *Ligularia intermedia* Nakai | 다년초

서백두(서파) 왕지 2009.7.6.

백두산 및 주변의 습지와 물기 많은 계곡에 자란다. 키는 1m까지 자라고, 7월 초순부터 하순까지 피는 노란색 머리 모양 꽃은 줄기 끝에 여러 개가 달리며, 꽃줄기는 가지를 치지 않는다. 줄기에 있는 꽃싸개잎은 선상 피침형으로 주로 꽃자루보다 길고, 4~6개의 혀꽃으로 이루어진 머리 모양 꽃을 감싸고 있는 꽃싸개잎(총포)은 6~8조각이다. 심장 모양 잎의 자루에는 좁은 날개가 있으며, 기부가 줄기를 넓게 감싼다.

꽃

잎

두메분취

高岭风毛菊 gao ling feng mao ju
국화과 | *Saussurea tomentosa* Kom.
다년초

북백두(북파) 해발 2200m 2003.7.10.

백두산 고산초원에서만 자란다. 키는 30cm까지 자라고, 7월 초순부터 하순까지 피는 분홍색(드물게 흰색) 머리 모양 꽃은 줄기 끝에 1개가 달린다. 꽃줄기와 잎 뒷면에 회백색의 털이 밀생한다.

흰꽃

열매

도깨비엉겅퀴

林蓟 lin ji | 국화과 | *Cirsium schantarense* Trautv. & C. A. Mey. | 다년초

화룡시 선봉령 2006.7.25.

연변 지역 해발 1100m 이상과 백두산 고산화원의 햇빛이 잘 드는 길가 및 숲 가장자리에 자란다. 키는 1.2m까지 자라고, 7월 초순부터 하순까지 피는 자주색 머리 모양 꽃은 원줄기와 가지 끝마다 1개씩 아래를 향해 달린다. 줄기에 흰색 털이 많다.

선물수세미

乌苏里狐尾藻 wu su li hu wei zao | 개미탑과

Myriophyllum ussuriense (Regel) Maxim. | 다년초

수꽃 안도현 신합향 신합 습지 2010.7.15.

연변 지역의 고인 물속에 자란다. 키는 20cm까지 자라고, 7월 초순부터 하순까지 피는 노란색 꽃은 잎겨드랑이마다 1개씩 달리는데, 암꽃과 수꽃이 다른 개체에 달리기도 하고, 드물게 같은 개체에 달리기도 한다. 암꽃의 암술대는 4개이며, 암술머리에 흰색의 긴 털이 많고, 수꽃에는 8개의 수술이 있다. 잎은 3~4개씩 돌려난다.

마름

欧菱 ou ling | 마름과 | *Trapa japonica* Flerov | 1년초

돈화시 연명호진 2010.7.22.

연변 지역의 호수 및 고인 물속에 자란다. 7월 초순부터 하순까지 피는 흰색 꽃은 잎겨드랑이에서 물위로 나온 꽃줄기 끝에 1개씩 달린다. 마름과 네마름(*T. natans*)은 열매에 각각 2개와 4개의 뿔이 달리는 것으로 구분하였으나, 최근에는 네마름을 마름에 통합하며 열매에 2~4개의 뿔이 달리는 것으로 기재하고 있다. 애기마름(*T. incisa*)은 마름에 비해 전체가 소형이며, 열매의 형태가 좁은 마름모꼴이고 4개의 뿔을 갖는다.

열매

천지괭이눈

범의귀과 | *Chrysosplenium macrospermum* Y. I. Kim & Y. D. Kim | 다년초

북백두(북파) 해발 2600m 2017.7.15.

북백두 고산초원의 바위틈에 주로 자란다. 키는 7cm까지 자라고, 7월 초순부터 하순까지 피는 노란색 꽃은 줄기 끝에 여러 개가 달린다. 2019년 신종으로 발표된 식물로, 북백두에 개체수가 가장 많고, 서백두에서는 자생 여부를 확인하지 못했다. 잎은 마주나며, 꽃받침잎이 곧게 서고, 꽃싸개잎이 노란색이다. 원 개체에서 줄기가 뻗어 나와 뿌리가 내려 무성으로 번식하기도 하며, 이때 줄기가 아치형으로 뻗어 나오며, 여기서 나오는 잎 앞면에 털이 있는 특징을 갖는다.

꽃

붓꽃

溪荪 xi sun | 붓꽃과 | *Iris sanguinea* Donn ex Hornem. | 다년초

서백두(서파) 고산화원 해발 1500m 2004.7.10.

서백두 왕지와 고산화원 해발 1600m의 습지 또는 물기 많은 초원에 자란다. 키는 60cm까지 자라고, 7월 초순부터 하순까지 피는 보라색(드물게 흰색) 꽃은 줄기 끝에 2개씩 달린다. 바깥 꽃잎 안쪽에 노란색 바탕의 자주색 그물무늬가 있다. 개화절정기인 7월 10일 전후는 고산화원 일대의 붓꽃 군락 풍경이 가장 좋은 시기이다.

꽃

꽃창포

玉蝉花 yu chan hua | 붓꽃과 | *Iris ensata* Thunb. | 다년초

화룡시 숭선진 광평촌 2003.7.15.

연변 지역 및 백두산 주변의 습지에 자란다. 키는 1m까지 자라고, 7월 초순부터 하순까지 피는 자주색 꽃은 줄기 끝에 2개씩 달린다. 바깥 꽃잎 안쪽이 노란색이다.

꽃

나도여로

棋盘花 qi pan hua | 백합과 | *Anticlea sibirica* (L.) Kunth | 다년초

남백두(남파) 해발 2000m 2008.7.10.

백두산 남쪽 고산초원 해발 2000~2100m 일대에만 자생할 정도로 백두산 일대에서는 희귀식물이다. 주로 바람의 영향을 적게 받는 사면에 자라며, 키는 50cm까지 자란다. 7월 초중순부터 백록색 꽃이 줄기 끝에 성기게 달리며 하순에 결실을 맺는다. 개체수가 많지 않고 자생지 범위도 좁아 환경변화에 취약할 것으로 판단된다.

이삭단엽란

原沼兰 yuan zhao lan | **난초과** | *Malaxis monophyllos* (L.) Sw. | **다년초**

무송현 만강진(지남구) 오십령 2009.7.15.

백두산 및 선봉령의 물기 많고 양지바른 사면과 숲 가장자리에 자란다. 키는 30cm까지 자라고, 7월 초순부터 하순까지 피는 녹색 꽃은 줄기 끝에 많은 수가 촘촘하게 달린다. 잎은 주로 1개이지만 드물게 2개가 달리기도 한다. 세부 자생지는 선봉령 해발 1200m, 오십령 해발 1500m 이상과 망천어봉, 백두산 수목한계선 일대이다.

산제비란

尾瓣舌唇兰 wei ban she chun lan
난초과 | *Platanthera mandarinorum* Rchb. f. | 다년초

서백두 고산초원 2003.7.30.

백두산 고산초원 및 해발 1100m 이상의 습지와 활엽수림에 자란다. 개체수가 가장 많은 곳은 서백두 고산초원 해발 2000m 지역이다. 키는 50cm까지 자라고, 7월 초순부터 8월 초순까지 피는 황록색 꽃은 줄기 끝에 5~20개가 달린다. 산제비란은 형태적 변이가 다양하여 잎이 줄기에 거의 직각으로 붙으면 구름제비란(*P. mandarinorum* subsp. *ophrydioides*), 전체가 소형이고 거가 2mm 이하이면 애기제비란(subsp. *maximowicziana*), 거가 위를 향하면 하늘산제비란(subsp. *neglecta*)과 같은 아종으로 나누기도 한다.

| 개화시기별 탐사장소 |

- 7월 5일~20일: 황송포, 선봉령 고산습지, 오십령 습지, 수목한계선
- 7월 21일~8월 5일: 백두산 고산화원, 고산초원

꽃

털부처꽃

千屈菜 qian qu cai | 부처꽃과 | *Lythrum salicaria* L. | 다년초

이도백하진(지북구) 황송포 습지 2018.8.3.

연변 지역의 습지 또는 물기 많은 곳에 자란다. 키는 1m까지 자라고, 7월 초순부터 8월 초순까지 피는 진분홍색 꽃은 줄기 끝에 여러 개가 달린다. 식물체 전체의 털의 정도와 잎의 모양 등으로 부처꽃(*L. anceps*)과 구분하기도 하나, 형태적인 변이가 많기 때문에 둘을 동일종으로 처리하는 추세이다.

꽃

패랭이꽃

石竹 shi zhu | 석죽과 | *Dianthus chinensis* L. | 다년초

안도현 복흥촌 2008.7.13.

연변 지역 및 두만강 발원지 일대의 건조한 사면 또는 초원에 자란다. 키는 50cm까지 자라고, 7월 초순부터 8월 초순까지 피는 꽃은 줄기와 가지 끝에 1~3개씩 달린다. 꽃색은 적자색, 분홍색, 흰색 등으로 다양하다. 패랭이꽃은 야생과 재배지에서 여러 변종과 품종이 나타나기 때문에 넓은 의미로 이해된다. 꽃이 느슨하게 달리고, 각 꽃에 긴 꽃자루가 있으며, 꽃잎에 얕은 톱니가 있고, 잎이 선상 피침형이며, 꽃받침의 절반 정도 길이의 꽃싸개잎 4개를 가진 개체를 패랭이꽃으로 구분한다. 따라서 패랭이꽃에 비해 키가 작고 백두산 고산초원의 모래밭에 자라며, 7월 중순부터 8월 초순까지 분홍색 또는 흰색의 꽃을 피우는 난쟁이패랭이꽃(*D. chinensis* var. *morii*)도 같은 종으로 취급한다.

난쟁이패랭이꽃 북백두(북파) 해발 2100m 2003.7.20.

난쟁이패랭이꽃 흰꽃

구름패랭이꽃

高山瞿麦 gao shan qu mai | 석죽과

Dianthus superbus subsp. *alpestris* Kablík. ex Čelak. | 다년초

서백두(서파) 해발 2250m 2003.8.1.

백두산 주변 및 고산화원 해발 1800m의 초원과 양지바른 습지 주변에 자란다. 최대자생지는 서백두 고산화원이다. 키는 60cm 정도이고, 7월 중순부터 8월 초순까지 피는 분홍색 꽃은 줄기 끝과 잎겨드랑이에서 나온 꽃줄기 끝에 1~2개씩 달린다. 꽃잎이 가늘고 깊게 갈라지며, 꽃잎 안쪽에 털이 많다. 술패랭이꽃(*D. longicalyx*)과 닮았으나, 술패랭이꽃의 꽃받침이 주로 녹색이고, 3~4쌍의 꽃싸개잎이 꽃받침 길이의 1/5 정도인 데 반해, 구름패랭이꽃의 꽃받침은 대개 자주색(흰색 꽃의 구름패랭이꽃인 경우 녹색)이며, 2~3쌍의 꽃싸개잎이 꽃받침 길이의 1/4 정도이다.

꽃

흰꽃

구름패랭이꽃

술패랭이꽃

구름범의귀

长白虎耳草 chang bai hu er cao | 범의귀과

Saxifraga laciniata Nakai & Takeda | 다년초

서백두(서파) 5호경계비 2014.7.20.

백두산 고산초원에만 자란다. 키는 25cm까지 자라고, 7월 초순부터 8월 초순까지 피는 흰색 꽃은 줄기 끝에 여러 개가 달린다. 꽃줄기에 샘털이 많고, 꽃받침은 뒤로 젖혀지며, 5개의 꽃잎 안쪽에는 노란색의 꿀샘이 2개씩 있다. 수술은 10개, 암술은 2개이다.

꽃

잎

톱바위취

斑点虎耳草 ban dian hu er cao | 범의귀과

Saxifraga nelsoniana D. Don | 다년초

서백두(서파) 5호경계비 2003.8.1.

연변 지역 및 백두산 해발 2500m의 물기 많은 곳에 자란다. 키는 50cm까지 자라고, 7월 초순부터 8월 초순까지 피는 흰색 꽃은 줄기 끝에 30~52개가 달린다. 꽃받침잎과 꽃잎은 각각 5개로 뒤로 젖혀지며, 수술은 10개, 암술은 2개이다.

꽃

잎

화살곰취

长白山橐吾 chang bai shan tuo wu | 국화과

Ligularia jamesii (Hemsl.) Kom. | 다년초

서백두(서파) 해발 2130m 2018.7.12

백두산 고산초원 및 수목한계선 활엽수림과 고산습지에 자란다. 키는 60cm까지 자라고, 7월 초순부터 8월 초순까지 피는 노란색 머리 모양 꽃은 줄기 끝에 1개가 달린다. 잎이 화살 모양인 특징을 갖는다.

북백두(북파) 해발 2300m 2004.8.1.

잎

냉초

草本威灵仙 cao ben wei ling xian | 현삼과

Veronicastrum sibiricum (L.) Pennell | 다년초

서백두(서파) 왕지 2017.7.11.

연변 지역 및 백두산 해발 1700m까지의 풀밭과 숲 가장자리에 자란다. 키는 1.5m까지 자라고, 7월 초순부터 8월 초순까지 피는 보라색 꽃은 줄기 끝에 여러 개가 빽빽하게 달린다. 다른 꼬리풀속 식물들과 달리 잎이 4~6개씩 돌려난다.

잎

대송이풀

旌节马先蒿 jing jie ma xian hao | 현삼과

Pedicularis sceptrum-carolinum L. | 다년초

화룡시 숭선진 광평촌 2006.7.1.

돈화시 액목 습지와 화룡시 광평촌 일대의 습지 및 물기 많은 곳에서만 자생을 확인하였다. 키는 60cm까지 자라고, 7월 초순부터 8월 초순까지 피는 연한 노란색 꽃은 줄기 끝에 여러 개가 달린다. 다른 송이풀에 비해 줄기가 거의 갈라지지 않고, 꽃이 위를 향해 달리는 특징을 갖는다.

구름송이풀

轮叶马先蒿 lun ye ma xian hao | 현삼과 | *Pedicularis verticillata* L. | 다년초

북백두(북파) 천문봉 2019.7.10.

연길시 삼도진과 백두산 고산초원의 풀밭에 자란다. 키는 35cm까지 자라고, 7월 초순부터 8월 중순까지 피는 자주색 꽃은 줄기 끝에 여러 개가 모여 달린다. 잎은 돌려난다. 식물체에 털이 많은 이삭송이풀(*P. spicata*)과 닮았으나, 꽃부리의 윗입술 길이가 아랫입술 길이와 비슷한 특징으로 구분한다.

이삭송이풀

穗花马先蒿 sui hua ma xian hao | 현삼과 | *Pedicularis spicata* Pall. | 다년초

화룡시 숭선진 두만강 발원지 2008.8.10.

연변 지역 및 백두산 주변의 습지나 물기 많은 초원에 자란다. 키는 40cm까지 자라고, 7월 하순부터 8월 중순까지 피는 자주색 꽃은 줄기 끝에 여러 개가 달린다. 잎은 돌려난다. 식물체에 털이 많은 구름송이풀(*P. verticillata*)과 닮았으나, 꽃부리의 윗입술 길이가 아랫입술 길이의 절반인 특징으로 구분한다. 자생지가 매우 제한적이라 쉽게 볼 수 없으며, 현재까지 안도현 대황구촌과 장백현 24도구, 화룡시 두만강 발원지에서만 자생을 확인하였다.

송이풀

返顾马先蒿 fan gu ma xian hao | 현삼과 | *Pedicularis resupinata* L. | 다년초

서백두(서파) 해발 2000m 2008.7.25.

연변 지역 및 백두산 고산초원 해발 2200m 풀밭에 자란다. 키는 70cm까지 자라고, 줄기는 여러 개가 나오지만 갈라지지 않는다. 7월 중순부터 8월 초순까지 피는 분홍색 꽃은 줄기 끝에 여러 개가 달린다. 잎은 어긋나지만 종종 마주나는 것처럼 보인다.

큰송이풀

野苏子 ye su zi ma xian hao | 현삼과 | *Pedicularis grandiflora* Fisch. | 다년초

화룡시 숭선진 광평촌 2003.7.26.

화룡시 광평촌과 돈화시 액목 습지 두 곳에서만 자생을 확인하였다. 키는 1m 이상으로 자라고, 7월 중순부터 8월 초순까지 피는 분홍색 꽃은 갈라진 줄기 끝에 여러 개가 달린다. 잎은 어긋나고 깃꼴로 갈라진다.

좁은잎흑삼릉

无柱黑三棱 wu zhu hei san leng | 흑삼릉과

Sparganium hyperboreum Laest. ex Beurl. | 다년초

서백두(서파) 왕지 2018.8.2.

이도백하진 쌍목봉과 서백두 왕지에서 자생을 확인하였다. 국내 흑삼릉속 식물 중 유일하게 물위에 떠서 사는 식물이다. 줄기는 80cm까지도 자라고, 선형의 잎은 길이 40cm 정도로 물에 떠 있다. 7월 초순부터 8월 초순까지 피는 머리 모양 꽃은 길이 5~7cm의 꽃줄기에 여러 개가 달리는데, 위쪽에는 1~2개의 수꽃차례가, 아래쪽에는 1~3개의 암꽃차례가 달린다. 꽃줄기는 갈라지지 않는다.

꽃

두메흑삼릉

短序黑三棱 duan xu hei san leng | **흑삼릉과**

Sparganium glomeratum (Laest. ex Beurl.) Beurl. | **다년초**

안도현 신합향 신합 습지 2012.7.21.

연변 지역의 습지 주변이나 물기 많은 곳에 자란다. 키는 70cm까지 자라고, 7월 중순부터 8월 초순까지 피는 황록색 머리 모양 꽃은 길이 6~15cm의 꽃줄기에 여러 개가 달리는데, 위쪽에 1~3개의 수꽃차례가, 아래쪽에는 3~7개의 암꽃차례가 달린다. 꽃줄기는 갈라지지 않으며, 맨 아래에 있는 암꽃차례에는 자루가 있다.

서백두(서파) 해발 1950m 2003.8.1.

큰산좁쌀풀

长腺小米草 chang xian xiao mi cao

현삼과 | *Euphrasia hirtella* Jord. ex Reut. | 1년초

연변 지역 및 백두산 해발 2400m 고산초원의 풀밭에 자란다. 키는 40cm까지 자라고, 줄기는 바로 서며, 드물게 가지를 친다. 7월 초순부터 8월 중순까지 피는 흰색 꽃은 줄기 윗부분의 잎겨드랑이에 여러 개가 달린다. 가장 늦게 꽃이 피는 곳은 연길시 삼도진으로 8월 중순에도 꽃을 볼 수 있다. 식물체 전체에 샘털이 있는 것이 특징이다.

샘털

좁은잎해란초

柳穿鱼 liu chuan yu | 현삼과 | *Linaria vulgaris* Mill. | 다년초

왕청현 복흥진 2014.7.1.

도문시, 훈춘시, 왕청현 지역의 물기 많은 길가 또는 자갈밭에 자란다. 키는 60cm까지 자라고, 7월 초순부터 8월 중순까지 피는 노란색 꽃은 줄기 끝에 여러 개가 달린다. 해란초(*L. japonica*)에 비해 잎이 선형이다.

외잎쑥

林艾蒿 lin ai hao | 국화과 | *Artemisia viridissima* (Kom.) Pamp. | 다년초

화룡시 선봉령 2018.8.3

선봉령 고산습지 및 숲속의 물기 많은 곳에 자란다. 키는 1.4m까지 자라고, 7월 초순부터 8월까지 피는 꽃은 줄기 끝에 빽빽하게 달린다. 다른 쑥 식물에 비해 잎이 갈라지지 않는다.

민매화마름

长叶水毛茛 chang ye shui mao gen

미나리아재비과 | *Ranunculus kauffmannii* Clerc | 다년초

연길시 의란진 고성촌 2006.7.10.

연변 지역과 백두산 주변 일대에 흐르는 물속에 자란다. 7월 초순부터 8월 중순까지 피는 흰색 꽃은 꽃줄기 끝에 1개씩 달린다. 두만강 상류와 송강하진 개서림장 계곡에 자라는 개체는 꽃이 물 밖으로 나오지 않고 물속에서 피는 경우가 많다. 꽃턱에 털이 없는 것이 특징이다. 중국식물지에서는 이 개체의 학명으로 *Batrachium kauffmanii*(=*R. kauffmannii*)를 사용하나, 우리나라에서는 매화마름(*R. kadzusensis*)과 닮았으나 꽃턱에 털이 없는 개체를 민매화마름(*R. yezoensis*)으로 부르고 있다. 하지만 국내의 매화마름과 민매화마름에 쓰이는 학명은 WFO에서 모두 확실하게 인정하고 있지 않기에, 연변 지역의 개체와 비교 연구가 필요하다.

독미나리

毒芹 du qin | 산형과 | *Cicuta virosa* L. | 다년초

돈화시 액목진 액목 습지 2018.8.1.

연변 전 지역의 습지와 논둑에 자라며, 백두산 주변의 습지에도 자란다. 키는 1.2m까지 자라고, 7월 초순부터 8월 중순까지 피는 흰색 꽃은 여러 개의 우산 모양으로 달린다. 국내에서는 멸종위기2급 식물로 지정되어 있으나, 연변 지역에서는 아주 흔하게 볼 수 있다.

꽃

바위구절초

小山菊 xiao shan ju | 국화과 | *Dendranthema oreastrum* (Hance) Ling | 다년초

북백두(북파) 해발 2600m 2018.7.25.

백두산 고산초원 및 해발 1600m 이상의 계곡 주변 양지바른 곳에 자란다. 키는 30cm까지 자라고, 7월 초순부터 8월 중순까지 피는 연한 분홍색 또는 흰색 머리 모양 꽃은 줄기나 가지 끝에 1개가 달린다. 잎은 깃 모양으로 가늘게 갈라진다.

서백두(서파) 해발 2200m 2017.8.5.

북백두(북파) 용문봉 2003.8.1.

북백두(북파) 천문봉 2019.7.19.

수련

睡蓮 shui lian | 수련과 | *Nymphaea tetragona* Georgi | 다년초

안도현 신합향 신합 습지 2009.7.11.

훈춘시 경신진 구사평과 안도현 신합향 신합 습지 두 곳에서만 자생을 확인하였다. 잎은 뿌리에서 나와 물위에 뜨며, 길이가 10cm를 넘지 않는다. 7월 초순부터 8월 중순까지 피는 흰색 꽃은 뿌리에서 나오는 긴 꽃줄기 끝에 1개씩 달리고, 꽃의 지름은 3~6cm이며, 꽃잎은 8~17개이고, 암술머리가 붉은 것이 특징이다. 우리나라에서 '수련'으로 알려진 대부분의 식물은 미국수련(*N. odorata*)으로, 수련보다 잎과 꽃이 크고, 꽃잎의 수도 43개까지 많다. 최근 연구에 따르면 남한에는 수련의 자생이 확인되지 않으며, 한국특산으로 강원도 고성군에 자생하는 각시수련(*N. tetragona* var. *minima*)은 수련보다 전체가 소형(잎 지름 6cm 이하)이고, 암술머리가 노란색인 점으로 구별된다.

꽃

각시수련. 강원도 고성군

개석송

多穗石松 duo sui shi song | 석송과 | *Lycopodium annotinum* L. | 다년초

화룡시 선봉령 2018.7.31.

선봉령 고산습지 및 북백두 지하삼림의 그늘지고 물기 많은 곳에 자란다. 2m까지 자라는 줄기가 옆으로 뻗으며, 곁가지가 Y자로 갈라지고, 윗부분이 비스듬히 선다. 키는 20cm까지 자라고, 7월부터 8월까지 가지 끝에 포자낭이삭이 1개씩 달린다. 석송(*L. clavatum*)과 닮았으나, 포자낭이삭이 자루 없이 가지 끝에 바로 달리고, 잎 가장자리에 불규칙한 톱니가 있는 점이 다르다.

잎

비늘석송

扁枝石松 bian zhi shi song | 석송과 | *Lycopodium complanatum* L. | 다년초

북백두(북파) 지하삼림 2017.5.29

백두산 해발 1500m 이상의 물기 많은 곳에 자란다. 키는 30cm까지 자라고, 줄기가 옆으로 뻗는다. 7월부터 8월까지 가지 끝에 1~6개씩 포자낭이삭이 달리고, 잎은 줄기에 바짝 붙어 달린다. 산석송(*L. alpinum*)에 비해 포자낭이삭에 자루가 있다.

포자낭군

산석송

高山扁枝石松 gao shan bian zhi shi song | 석송과

Lycopodium alpinum L. | 다년초

서백두 2018.8.1.

백두산 고산초원의 양지바른 바위지대에 잘 자란다. 키는 10cm까지 자라고, 줄기가 옆으로 뻗는다. 7월부터 8월까지 가지 끝에 포자낭이삭이 1개씩 달리고, 잎은 줄기에 바짝 붙어 달린다. 비늘석송(*L. complanatum*)에 비해 포자낭이삭이 자루 없이 가지 끝에 바로 달린다.

만년석송

玉柏 yu bai | 석송과 | *Lycopodium obscurum* L. | 다년초

북백두(북파) 지하삼림 2017.5.30.

북백두 지하삼림 및 선봉령 고산습지, 우슬린 습지 등에 자란다. 키는 30cm까지 자라고, 7월부터 8월까지 가지 끝에 포자낭이삭이 1개씩 달린다. 석송(*L. clavatum*)과 닮았으나, 줄기 윗부분에서 가지가 많이 갈라지면서 옆으로 퍼지는 점이 다르다.

공작고사리

掌叶铁线蕨 zhang ye tie xian jue | 봉의꼬리과 | *Adiantum pedatum* L. | 다년초

무송현 만강진(지남구) 오십령 2019.6.7.

북백두 지하삼림 및 오십령 해발 1500m 일대의 그늘지고 물기 많은 곳에 자란다. 키는 60cm까지 자라고, 7월부터 9월까지 포자가 달린다. 잎이 펼쳐지는 모습이 공작의 날개와 닮아 공작고사리라 한다.

토끼고사리

欧洲羽节蕨 ou zhou yu jie jue | 한들고사리과

Gymnocarpium dryopteris (L.) Newman | 다년초

북백두(북파) 지하삼림 2017.5.30.

북백두 지하삼림 및 오십령 해발 1500m 이하의 그늘지고 물기 많은 곳에 자란다. 키는 45cm까지 자라고, 7월부터 9월까지 포자가 달린다. 맨 아래의 잎(우편)쌍은 가장 크고 자루가 있으며, 대체로 두 번째 잎쌍부터는 자루가 없다. 잎자루에 샘털이 있는 산토끼고사리(*G. jessoense*)에 비해 잎자루에 털이 없다.

별사초

细花薹草 xi hua tai cao | 사초과 | *Carex tenuiflora* Wahlenb. | 다년초

이도백하진(지북구) 이도 습지 2019.6.7.

선봉령과 황송포, 이도 습지에 자란다. 키는 50cm까지 자라고, 7월 초순에 피는 꽃은 줄기 끝에 2~4개의 이삭 모양으로 달린다. 각각의 작은이삭에는 암꽃과 수꽃이 같이 달린다. 줄기 끝에만 이삭 꽃이 모여 달리는 것이 특징이다.

꽃

열매

절국대

阴行草 yin xing cao | 현삼과 | *Siphonostegia chinensis* Benth. | 1년초

룽정시 동성용진 2008.7.23.

연변 지역의 초원에 자란다. 키는 60cm까지 자라고, 7월 중순부터 하순까지 피는 노란색 꽃은 줄기 윗부분의 잎겨드랑이에 1개씩 달린다.

너도양지꽃

山莓草 shan mei cao | 장미과 | *Sibbaldia procumbens* L. | 다년초

서백두(서파) 해발 2250m 2019.7.18.

백두산 해발 2100~2400m 고산초원의 바위지대 주변에 잘 자란다. 키는 20cm까지 자라고, 꽃줄기는 옆으로 기거나 비스듬히 선다. 7월 초순부터 하순까지 피는 노란색 꽃은 줄기 끝에 8~12개의 꽃이 모여 달리며, 수술은 5개이다. 5월에 피는 나도양지꽃(*Waldsteinia ternata*)과 같이 작은잎 3장으로 된 겹잎을 갖지만, 나도양지꽃은 다수의 수술을 갖는다.

단풍터리풀

蚊子草 wen zi cao | 장미과 | *Filipendula palmata* (Pall.) Maxim. | 다년초

안도현 이도백하진(지북구) 황송포 습지 2018.8.1.

연변 지역의 숲 가장자리에 자란다. 키는 1.5m까지 자라고, 7월 중순부터 8월 중순까지 피는 흰색 꽃은 줄기 끝에 많은 수가 모여 달린다. 잎은 손바닥 모양으로 깊게 갈라지며, 처음과 마지막 갈래는 다시 2갈래로 갈라진다. 잎 뒷면은 흰 털로 덮여 있다.

꽃과 열매

잎 뒷면

나도개미자리

北极米努草 bei ji mi nu cao | 석죽과

Minuartia arctica (Steven ex Ser.) Graebn. | 다년초

북백두(북파) 해발 2600m 2019.7.24.

백두산 고산초원의 바위지대 또는 거친 땅에 자란다. 키는 9cm까지 자라고, 줄기가 많이 갈라진다. 7월 중순부터 하순까지 피는 흰색 꽃은 가지 끝에 1개씩 달린다.

열매

잎

큰하늘나리

大花百合 da hua bai he | 백합과

Lilium concolor var. *megalanthum* F. T. Wang & T. Tang | 다년초

돈화시 액목진 액목 습지 2017.7.13.

현재까지 알려진 자생지는 해발 500m에 위치한 돈화시 액목 습지가 유일하다. 광활한 습지에 7월 중순이면 큰하늘나리 꽃들이 가득하여 다른 식물들과 함께 화원을 이룬다. 7월 초중순부터 개화가 시작되어 늦게는 8월 초순에도 꽃을 만날 수 있다. 키는 80cm까지 자라고, 주황색 꽃이 줄기와 가지 끝에 1~5개씩 위를 향해 핀다. 기본종(*L. concolor*)에 비해 꽃잎에 점무늬가 있으며, 화피의 길이가 4cm 이하인 하늘나리(*L. oncolor* var. *pulchellum*)에 비해 화피 길이가 5cm 이상인 점이 다르다.

중나리

大花卷丹 da hua juan dan | 백합과

Lilium leichtlinii var. *maximowiczii* (Regel) Baker | 다년초

화룡시 숭선진 광평촌 2006.7.25.

자생지는 선봉령 동쪽의 광평촌, 숭선진, 석인촌 일대로 한정되며, 숲 가장자리 및 물기가 많은 사면에 드물게 자란다. 키는 1m까지 자라고, 7월 중순부터 8월 초순까지 피는 주황색 꽃은 줄기 끝에 2~10개씩 아래를 보며 달린다. 흰털이 밀생하는 털중나리(*L. amabile*)에 비해 어릴 때에만 흰털로 덮이며, 그 외에는 흰털이 밀생하지 않는 점이 다르다.

산파

马葱 ma cong | 백합과 | *Allium maximowiczii* Regel | 다년초

무송현 만강진(지남구) 오십령 습지 2013.7.20.

백두산 주변에서는 해발 1600m에 위치한 오십령 습지에서만 무리를 지어 자란다. 키는 50cm까지도 자라고, 7월 중순부터 8월 초순까지 피는 보라색 꽃은 줄기 끝에 여러 개가 둥근 모양으로 모여 달린다. 꽃줄기는 비어 있으며 원통형인 특징을 갖는다.

참두메부추

扭叶韭 niu ye jiu | 백합과 | *Allium spirale* Willd. | 다년초

무송현 만강진(지남구) 오십령 습지 2010.8.25.

오십령의 해발 1500m 습지에서만 자생을 확인하였다. 키는 40cm까지 자라고, 7월 중순부터 8월 하순까지 피는 분홍색 꽃은 줄기 끝에 여러 개가 둥근 모양으로 모여 달린다. 두메부추(*A. senescens*)와 같이 잎이 비틀리지만, 두메부추보다 더 납작한 꽃줄기를 갖는다.

산부추

球序薤 qiu xu xie | 백합과
Allium thunbergii G. Don | 다년초

화룡시 선봉령 석인촌 2007.7.30.

초원형 습지가 잘 형성된 안도현(신합향, 만보진), 돈화시(액목진), 화룡시(석인촌, 광평촌) 등의 저지대 초원에 자란다. 키는 60cm까지 자라고, 7월 20일부터 8월 초순까지 피는 보라색 꽃은 줄기 끝에 여러 개가 둥근 모양으로 모여 달린다. 산부추는 잎의 단면이 삼각형이며, 잎보다 꽃줄기가 짧고, 참산부추(*A. sacculiferum*)는 잎의 단면이 납작하고 가운데 맥이 돌출되어 있으며, 잎보다 꽃줄기가 길다고 구분하여 왔으나, 두 종 모두 형태적 변이의 폭이 넓어 동일종으로 보는 추세이다.

흰꽃

흰제비란

密花舌唇兰 mi hua she chun lan | **난초과**

Platanthera hologlottis Maxim. | **다년초**

돈화시 액목진 액목 습지 2019.7.17.

두만강변 광평촌, 돈화시 액목 습지, 대석두 습지 등 주로 습지에 자란다. 키는 85cm까지도 자라고, 7월 중순부터 하순까지 피는 흰색 꽃은 줄기 끝에 여러 개가 달린다. 잎은 4~6개가 줄기에 달린다. 개체수가 가장 많은 곳은 돈화시 액목 습지이다.

꽃

큰방울새란

朱兰 zhu lan | **난초과** | *Pogonia japonica* Rchb. f. | **다년초**

안도현 복흥촌 2009.7.16.

연변 지역의 습지에 자란다. 키는 20cm까지 자라고, 7월 중순부터 하순까지 피는 분홍색 꽃은 줄기 끝에 1개가 달린다. 잎은 줄기 중간에 1개가 있다. 자생지는 한정되어 있으며, 가장 높은 곳에 자라는 곳은 이도백하진(황송포) 습지이며, 개체수가 가장 많은 곳은 돈화시 액목 습지이다.

애기사철란

小斑叶兰 xiao ban ye lan | **난초과**

Goodyera repens (L.) R. Br. | **다년초**

북백두(북파) 해발 1950m 2003.7.28.

백두산 일대 해발 1100~1900m의 숲 속 습한 곳에 자란다. 키는 20cm까지 자라고, 7월 중순부터 8월 초순까지 피는 흰색 꽃은 줄기 끝에 3~20개가 달린다. 잎은 줄기 기부에 달리며, 윗면에 그물무늬가 있다. 국내 사철란 중 크기가 가장 작다. 자생지가 매우 제한적이며, 개체수도 적다. 세부 자생지는 이도백하진(황송포), 오십령, 북백두 지하삼림, 북백두 수목한계선, 남백두 금강폭포 일대로, 개체수가 가장 많은 곳은 북백두 해발 1900m 수목한계선이다.

잎

감둥사초

黑穗薹草 hei sui tai cao | **사초과** | *Carex atrata* L. | **다년초**

서백두(서파) 해발 2250m 2018.8.1.

백두산 해발 2200m 이하 고산초원의 물기 많은 곳에 자란다. 키는 65cm까지 자라고, 7월 중순부터 8월 하순까지 피는 진갈색 이삭꽃은 줄기 끝에 3~5개로 모여 달린다. 맨 위의 이삭꽃은 암꽃과 수꽃이 같이 달리고, 그 아래는 암꽃으로만 달린다.

수염풀

细柄茅 xi bing mao | **벼과** | *Stipa mongholica* Turcz. ex Trin. | **다년초**

서백두(서파) 해발 2250m 2018.8.1.

백두산 해발 2300m 이하 고산초원의 물기 많은 바위지대 주변에 자란다. 키는 60cm까지 자라고, 7월 중순부터 8월 중순까지 피는 진한 보라색 꽃은 줄기 끝에 여러 개가 달린다. 작은이삭꽃 1개가 1개의 꽃으로 되며, 깃털 모양의 흰털로 된 기다란 까락이 있다.

산조아재비

高山梯牧草 gao shan ti mu cao | 벼과 | *Phleum alpinum* L. | 다년초

서백두(서파) 해발 2500m 2018.8.2.

백두산 고산초원의 양지바른 곳에 자란다. 키는 40cm까지 자라고, 7월 중순부터 8월까지 피는 자줏빛의 녹색 꽃은 줄기 끝에 여러 개가 원통형으로 모여 달린다.

꽃

눈괴불주머니

黄紫堇 huang zi jin | 현호색과

Corydalis ochotensis Turcz. | 2년초

화룡시 선봉령 2009.7.14.

연변 지역 및 백두산 주변의 물기 많은 곳에 자란다. 키는 90cm까지 자라고, 가지가 많이 갈라진다. 7월 중순부터 8월 초순까지 피는 노란색 꽃은 줄기나 가지 끝에 4~8개씩 달린다. 열매는 길쭉한 도란형이며, 종자는 2열로 배열한다. 다른 괴불주머니들과 달리 각각의 꽃 바로 아래 있는 포가 넓은 타원형인 것이 특징이다. 국내에 눈괴불주머니로 알려진 것은 개화시기와 열매가 비슷한 선괴불주머니(*C. pauciovulata*)로, 눈괴불주머니는 남한에 분포하지 않는다. 백두산 일대에 자라는 백두산괴불주머니(*C. changbaishanensis*, 长白山黄堇)는 2003년에 중국에서 발표된 신종으로 산괴불주머니(*C. speciosa*)에 비해 꽃이 좀 더 작고, 흰색 바탕에 앞부분만 노란색인 것이 특징이지만, 산괴불주머니의 변종으로 보기도 한다.

백두산괴불주머니

삼쥐손이

线裂老鹳草 xian lie lao guan cao | 쥐손이풀과
Geranium soboliferum Kom. | 다년초

돈화시 액목진 액목 습지 2017.7.16.

돈화시 액목 습지, 안도현 신합향, 만보진 습지에 자란다. 키는 80cm까지 자라고, 7월 중순부터 8월 초순까지 피는 분홍색 꽃은 줄기와 가지 끝에 2개씩 달린다. 잎은 가늘게 갈라진다.

산냉이

浮水碎米荠 fu shui sui mi ji | 십자화과

Cardamine prorepens Fisch. ex DC. | 2년초

남백두(남파) 금강폭포 2010.7.27.

백두산 고산화원의 물기 많은 곳이나 작은 계곡 주변에 자란다. 키는 50cm까지 자라고, 7월 중순부터 8월 초순까지 피는 흰색 꽃은 줄기 끝에 여러 개가 달린다. 잎은 깃 모양으로 굵게 갈라진다. 땅속줄기가 옆으로 뻗는 특징을 갖는다.

솔체꽃

藍盆花 lan pen hua | 산토끼꽃과

Scabiosa comosa Fisch. ex Roem. & Schult. | 다년초

룽정시 동성용진 2018.7.30.

연변 지역 저지대의 초원에 자란다. 키는 90cm까지 자라고, 7월 중순부터 8월 초순까지 피는 분홍색 머리 모양 꽃은 줄기와 가지 끝에 1개씩 달린다. 각 낱꽃은 5갈래로 갈라진 통꽃이며, 주변부의 꽃은 3갈래의 길이가 다른 2갈래보다 길다. 줄기에 흰털이 많으며, 뿌리에서 나는 잎의 양면에는 털이 있고, 줄기에 달리는 잎은 양면에 털이 있거나 없다. 잎이 보다 깊게 갈라지는 개체를 체꽃(*S. tschiliensis* f. *pinnata*), 털이 없는 개체를 민둥체꽃(f. *zuikoensis*), 키가 20cm로 작고 줄기가 분지하지 않는 개체를 구름체꽃(f. *alpina*)으로 구분하기도 하지만, WFO에서는 인정되지 않는다. 중국식물지와 국가표준식물목록에서는 기존에 솔체꽃에 사용하던 학명(*S. tschiliensis*)을 이명으로 처리하였기에 이를 따랐다.

꽃

흰꽃

개아마

野亚麻 ye ya ma | 아마과 | *Linum stelleroides* Planch. | 1년초 또는 2년초

화룡시 동남촌 2010.7.25.

연변 지역의 초원에 자란다. 키는 90cm까지 자라고, 7월 중순부터 8월 초순까지 피는 분홍색 꽃은 줄기 윗부분의 잎겨드랑이에 1개씩 달린다.

노랑어리연꽃

荇菜 xing cai | 조름나물과

Nymphoides peltata (S. G. Gmel.) Kuntze | 다년초

돈화시 연명호진 2008.8.5.

연변 지역의 연못 또는 호수 가장자리 물속에 자란다. 7월 중순부터 8월 초순까지 피는 노란색 꽃은 잎겨드랑이에 여러 개가 달린다. 꽃잎의 가장자리가 실처럼 가늘게 갈라진다.

꽃

물여뀌

两栖蓼 liang qi liao | 마디풀과 | *Persicaria amphibia* (L.) Delarbre | 다년초

훈춘시 경신진 구사평촌 2010.8.23.

현재까지 자생지는 훈춘시 경신진 구사평촌 지역이 유일하다. 7월 중순부터 8월까지 피는 연한 분홍색 또는 흰색의 꽃은 줄기와 잎겨드랑이에서 나온 꽃줄기 끝에 여러 개가 모여 달린다. 물가의 땅에 자라는 개체는 줄기가 서고 끝이 뾰족한 잎을 갖지만, 물속에 자라는 개체는 잎자루가 길어 물위에 뜨는 잎을 갖고, 잎 끝이 보다 둥글다. 중국식물지에서는 물여뀌를 여뀌속이 아닌 마디풀속(*Polygonum amphibium*)에 포함시켰다.

꽃

룽정시 조양천진 2019.7.16.

꼬리풀

细叶穗花 xi ye sui hua | 현삼과
Pseudolysimachion linariifolium (Pall. ex Link) Holub | 다년초

연변 전 지역의 초원에 자란다. 키는 80cm까지 자라고, 가지가 거의 갈라지지 않지만 드물게 2개로 갈라지기도 한다. 7월 중순부터 8월 초순까지 피는 연보라색 꽃은 줄기 끝에 여러 개가 달린다. 줄기에 굽은 털이 있으며, 잎은 마주나거나 줄기 윗부분은 어긋나기도 하고, 잎 가장자리에 뾰족한 톱니가 있다.

꽃

두메투구꽃

长白婆婆纳 chang bai po po na

현삼과 | *Veronica stelleri* var. *longistyla* Kitag. | **다년초**

서백두 2004.7.20.

백두산 고산초원에서만 자란다. 키는 20cm까지 자라고, 줄기는 갈라지지 않는다. 7월 중순부터 8월 초순까지 피는 보라색 꽃은 줄기 끝에 여러 개가 모여 달린다. 줄기와 잎에 털이 많다.

흰꽃 북백두(북파) 녹명봉 2008.8.1.

큰톱풀

齿叶蓍 chi ye shi | 국화과 | *Achillea acuminata* (Ledeb.) Sch. Bip. | 다년초

돈화시 액목진 액목 습지 2019.7.17.

연변 지역 해발 400~1000m의 습지에 자란다. 키는 1m까지 자라고, 7월 중순부터 8월 초순까지 피는 흰색 꽃은 줄기 끝에 여러 개가 달린다. 톱풀(*A. alpina*)과 닮았으나, 꽃의 지름이 1.5cm 정도로 크고, 잎이 갈라지지 않는다. 세부 자생지는 돈화시(액목), 안도현(신합향, 만보진), 화룡시(광평촌)이다.

민망초

飞蓬 fei peng | 국화과 | *Erigeron acris* L. | 2년초 또는 다년초

서백두(서파) 왕지 2018.8.2.

백두산 주변 해발 1000~1500m 지역의 양지바른 곳에 자란다. 키는 70cm까지 자라고, 7월 중순부터 8월 초순까지 피는 분홍빛의 흰색 머리 모양 꽃은 줄기와 가지 끝에 달린다. 개망초(*E. annuus*)에 비해 잎 가장자리가 매끈한 것이 특징이다.

산솜방망이

红轮狗舌草 hong lun gou she cao | 국화과

Tephroseris flammea (Turcz. ex DC.) Holub | 다년초

도문시 월청진 2007.7.25.

연변 전 지역의 물기 많은 길가 또는 숲 가장자리에 자란다. 키는 60cm까지 자라고, 줄기는 갈라지지 않는다. 7월 중순부터 8월 초순까지 피는 주황색 머리 모양꽃은 줄기 끝에 2~9개가 달린다. 싹이 나올 때는 잎과 줄기가 흰털로 덮여 있다가 없어지기도 한다. 따라서 중국식물지에서는 산솜방망이에 비해 털이 없는 개체(민솜방망이로 불리는 개체)도 산솜방망이와 동일종으로 취급한다.

금방망이

林蔭千里光 lin yin qian li guang | 국화과 | *Senecio nemorensis* L. | 다년초

무송현 만강진 오십령 2009.7.27.

백두산 주변 및 해발 1800m 이하의 숲 가장자리 또는 계곡 주변에 자란다. 키는 1m까지 자라고, 7월 중순부터 8월 초순까지 피는 노란색 머리 모양 꽃은 줄기 끝에 여러 개가 모여 달린다. 잎이 갈라지지 않는다.

산비장이

偽泥胡菜 wei ni hu cai | **국화과**

Serratula coronata subsp. *insularis* (Iljin) Kitam. | **다년초**

화룡시 숭선진 광평촌 2004.7.30.

연변 지역의 물기 많은 초원 및 습지 주변에 자란다. 키는 1.5m까지 자라고, 줄기 윗부분에서 가지가 갈라진다. 7월 중순부터 8월 중순까지 피는 자주색 머리 모양 꽃은 줄기와 가지 끝에 1개씩 달린다. 머리 모양 꽃의 주변부에는 암꽃이, 중앙부에는 양성화가 달린다.

금불초

旋覆花 xuan fu hua | 국화과 | *Inula japonica* Thunb. | 다년초

연길시 소영진 2010.8.20.

연변 전 지역의 물기 많은 초원에 자란다. 키는 60cm까지 자라고, 7월 중순부터 8월 하순까지 피는 노란색 머리 모양 꽃은 줄기와 가지 끝에 여러 개가 달린다. 가는금불초(*I. linaruufolia*)에 비해 잎의 너비가 1cm 이상이고, 가장자리가 말리지 않는 특징을 갖는다.

가는금불초

线叶旋覆花 xian ye xuan fu hua | 국화과 | *Inula linariifolia* Turcz. | 다년초

룽정시 조양천진 2019.7.16.

연변 전 지역의 초원 및 물기 많은 곳에 자란다. 키는 80cm까지 자라고, 7월 중순부터 8월 중순까지 피는 노란색 머리 모양 꽃은 줄기와 가지 끝에 여러 개가 달린다. 금불초(*I. japonica*)에 비해 잎의 너비가 1cm 미만이고, 가장자리가 약간 말리는 특징을 갖는다.

우엉

牛蒡 niu bang | 국화과

Arctium lappa L. | 다년초

연변 지역 및 백두산 주변의 길가와 물기가 많은 초원에 자란다. 키는 2m까지도 자라고, 7월 중순부터 8월 중순까지 피는 자주색 머리 모양 꽃은 줄기와 가지 끝에 여러 개가 달린다.

안도현 만보진 동청촌 2007.7.20.

가는오이풀

细叶地榆 xi ye di yu | 장미과

Sanguisorba × tenuifolia Fisch. ex Link | 다년초

화룡시 선봉령 2018.7.31.

선봉령 고산습지와 원지 등 주로 습지에 자란다. 키는 1.5m까지 자라고, 7월 중순부터 8월 중순까지 피는 흰색 꽃은 줄기 끝에 빽빽하게 달린다. 꽃은 대개 고개를 숙이고 있으며, 꽃잎은 없고, 수술이 길게 나와 있다. 잎은 작은잎 7~9쌍으로 되며, 큰오이풀(*S. stipulata*)에 비해 꽃이 위에서부터 피어 내려간다.

털향유

鼬瓣花 you ban hua | 꿀풀과
Galeopsis bifida Boenn. | 1년초

화룡시 선봉령 석인촌 2012.7.30.

연변 지역 및 백두산 주변 길가의 습한 곳에 자란다. 키는 60cm까지 자라고, 전체에 털이 많다. 7월 중순부터 8월 중순까지 피는 분홍색 꽃은 줄기 윗부분의 잎겨드랑이에 달린다.

꽃

가는다리장구채

山蚂蚱草 shan ma zha cao | 석죽과 | *Silene jenisseensis* Willd. | 다년초

북백두(북파) 흑풍구 2019.7.15.

연길시(삼도진), 안도현(신합, 황구촌), 두만강 발원지의 사면 암석지대에 자란다. 키는 50cm까지 자라고, 7월 하순부터 8월 초순까지 피는 흰색 꽃은 줄기 끝과 잎겨드랑이에 달린다. 백두산 고산초원 해발 2300m 이하와 수목한계선의 바위지대에 자라며, 키가 25cm 정도이고 7월 초순부터 하순까지 개화하는 개체를 흰장구채(*S. oliganthella*)로 구분하기도 하였으나 최근에는 가는다리장구채와 동일종으로 취급한다.

큰제비고깔

宽苞翠雀花 kuan bao cui que hua | 미나리아재비과

Delphinium maackianum Regel | 다년초

안도현 신합향 2003.7.25.

연변 전 지역 저지대의 길가, 초원 및 숲 가장자리에 물기가 많거나 반건조 지역에 자란다. 키는 1.4m까지 자라고, 7월 하순부터 8월 초순까지 피는 남보라색 꽃은 줄기 끝에 여러 개가 달린다. 세부 자생지는 안도현(만보진, 신합향, 삼도향), 화룡시, 룡정시(백금향, 남평진, 숭선진), 연길시(삼도진, 의란진), 도문시(량수진, 장안진)이다.

각시노루발

伞形喜冬草 san xing xi dong cao | 노루발과

Chimaphila umbellata (L.) Nutt. | 상록아관목

안도현 이도백하진(지북구) 황송포 습지 2008.8.5.

현재까지 이도백하진과 백두산 해발 1300m 이하 숲속의 그늘지고 물기 많은 곳에서 자생을 확인하였다. 키는 15cm까지 자라고, 7월 중순부터 8월 초순까지 피는 분홍빛의 흰색 꽃은 줄기 끝에 2~7개가 달린다. 매화노루발(*C. japonica*)과 닮았으나, 매화노루발은 꽃줄기에 1개의 꽃이 달린다. 국내 미기록 식물이다. 개체수가 가장 많은 곳은 북백두 지하삼림 하단부이며, 황송포 지역에서도 3개체를 확인하였으나, 현재는 개체군이 훼손되어 찾아볼 수 없다.

닻꽃

花锚 hua mao | 용담과

Halenia corniculata (L.) Cornaz

1년초 또는 2년초

북백두(북파) 해발 1950m 2009.8.1.

백두산 주변 및 해발 1900m 수목한계선 일대의 숲 가장자리 또는 양지바른 곳에 자란다. 키는 60cm까지 자라고, 7월 하순부터 8월 초순까지 피는 황록색 닻 모양의 꽃은 줄기 윗부분의 잎겨드랑이에 여러 개씩 달린다. 세부 자생지는 오십령 해발 1500m 이상, 두만강 발원지, 쌍목봉, 백두산 수목한계선 활엽수림이다. 국내 멸종위기2급 식물이다.

꽃

긴잎꿩의다리

短梗箭头唐松草 duan geng jian tou tang song cao

미나리아재비과 | *Thalictrum simplex* var. *brevipes* H. Hara | 다년초

룽정시 2018.7.30.

룽정시에 자란다. 키는 1.2m까지 자라고, 7월 하순부터 8월 중순까지 피는 연한 노란색 꽃은 줄기 끝에 많은 수가 달린다. 꽃잎은 없으며, 꽃받침잎은 4개이고, 수술이 많다. 긴잎꿩의다리 기본종(*T. simplex*)의 또 다른 변종이며, 연변 지역의 습지(액목 습지, 대석두 습지, 신합 습지, 광평 습지 등 해발 800m 이상의 습지)에 자라는 개체(*T. simplex* var. *affine*)는 긴잎꿩의다리에 비해 꽃자루가 4~7mm로 길고, 잎이 더 좁고 긴 특징을 갖는다.

잎

T. simplex var. *affine* 돈화시 2018.8.10.

개잠자리난초

난초과 | *Habenaria cruciformis* Ohwi | 다년초

룽정시 2018.7.30.

잠자리난초와 같은 곳에 자라며, 개화시기도 같다. 잠자리난초와 닮았으나, 곁꽃받침잎이 뒤로 젖혀져 정면에서는 보이지 않으며, 거가 보다 짧다. 『한국의 난과 식물 도감』(이남숙 저)에는 한국 고유종으로 기록된 바 있는 개잠자리난초가 잠자리난초와 유전적으로 가깝기에 별개의 종으로 처리하는 것에 대한 재검토가 필요하다고 언급하고 있다.

잠자리난초

线叶十字兰 xian ye shi zi lan | **난초과**
Habenaria linearifolia Maxim. | **다년초**

룽정시 동성용진 2009.7.25.

연변 지역의 물기 많은 초원 또는 습지에 자란다. 키는 80cm까지 자라고, 7월 하순부터 8월 초순까지 피는 흰색 꽃은 줄기 끝에 5~25개가 달린다. 세부 자생지로는 룽정시 동성용진 초원, 이도백하진 황송포 습지, 돈화시 액목 습지이며 개체수가 가장 많은 곳은 이도백하진 황송포 습지이다.

꽃

참당귀

朝鲜当归 chao xian dang gui | **산형과** | *Angelica gigas* Nakai | **다년초**

무송현 송강하진(지서구) 개서림장 2018.7.30.

연변 지역 또는 백두산 주변 숲 가장자리의 물기 많은 곳에 자란다. 키는 2m까지 자라고, 줄기는 자주색이다. 7월 하순부터 8월 중순까지 피는 짙은 자주색 꽃은 여러 개의 우산 모양을 이루며 줄기 끝에 모여 달린다. 줄기와 꽃이 모두 자주색인 것이 특징이다.

석잠풀

水苏 shui su | 꿀풀과 | *Stachys riederi* var. *japonica* (Miq.) H. Hara | 다년초

안도현 신합향 신합 습지 2010.8.2.

연변 지역 습지 또는 물기 많은 곳에 자란다. 키는 80cm까지 자라고, 7월 하순부터 8월 중순까지 피는 분홍색(드물게 흰색) 꽃은 줄기 끝에 6~8개씩 층을 이루며 달린다. 잎과 줄기에는 털이 없기도 하지만, 줄기에 있는 마디와 각을 따라 털이 있기도 하다. 털석잠풀(*S. riederi* var. *hispida*)은 식물체 전체에 긴 강모가 나는 것으로 구분된다.

독말풀

曼陀罗 man tuo luo | 가지과 | *Datura stramonium* L. | 1년초

화룡시 서성진 2009.7.27.

연변 지역의 밭둑 또는 물가 주변에 자란다. 멕시코 원산으로 전 세계에 퍼져 자라며, 키는 1.5m까지 자라고, 7월 하순부터 8월 중순까지 피는 흰색 꽃은 줄기 윗부분의 잎 사이에 1개씩 달린다. 잎에는 3~5쌍의 잎맥과 큰 거치가 있으며, 꽃받침통은 5개의 각이 뚜렷하고, 가시가 돋친 열매는 위를 보며 달린다. 흰독말풀(*D. metel*)은 꽃받침통이 각이 없는 원통형이며, 잎의 거치가 독말풀에 비해 약하며, 열매에 돋친 가시가 좀 더 짧고, 열매가 비스듬히 서거나 아래를 향한다. 또한 털독말풀(*D. innoxia*)은 흰독말풀과 닮았으나, 전체에 털이 많다.

열매

물레나물

黄海棠 huang hai tang | 물레나물과 *Hypericum ascyron* L. | 다년초

화룡시 숭선진 광평촌 2008.8.10.

연변 지역의 길가 및 숲 가장자리의 물기 많은 곳에 자란다. 키는 1.3m까지 자라고, 7월 하순부터 8월 중순까지 피는 노란색 꽃은 줄기와 가지 끝에 1개에서 여러 개가 달린다.

흰꽃 화룡시 숭선진 광평촌 2013.8.6.

가는잎쐐기풀

狭叶荨麻 xia ye qian ma | 쐐기풀과

Urtica angustifolia Fisch. ex Hornem.

다년초

화룡시 선봉령 2018.8.1.

선봉령에 자란다. 키는 1.5m까지 자라고, 7월 하순부터 8월 중순까지 피는 녹색 꽃은 잎겨드랑이에서 2개씩 나오는 꽃줄기에 다닥다닥 달린다. 줄기 위쪽에 달리는 꽃줄기에는 암꽃이, 아래쪽에 달리는 꽃줄기에는 수꽃이 달린다. 잎자루는 0.5~2cm 정도이고, 잎은 길게 늘어진 피침형에서 난상 피침형이며, 잎의 기부에서 뻗는 3개의 잎맥이 있다.

꽃

산골취

齿叶风毛菊 chi ye feng mao ju | 국화과 | *Saussurea neoserrata* Nakai | 다년초

무송현 송강하진(지서구) 전천림장 2018.8.1.

백두산 주변 전천림장과 만강진 등의 숲속 그늘지고 물기 많은 곳에 자란다. 키는 1m까지 자라고, 7월 하순부터 8월 중순까지 피는 보라색 머리 모양 꽃은 줄기 끝과 윗부분의 잎겨드랑이에서 나온 꽃줄기에 여러 개가 달린다. 꽃싸개잎은 4~6줄로 배열되고, 잎은 분백색을 띤 녹색이며, 잎자루에 날개가 발달하여 줄기까지 연결되고, 잎 가장자리에 뾰족한 거치가 있다. 줄기에는 털이 있다가 없어지기도 하며, 꽃싸개잎은 4~6줄로 배열된다.

꽃

잎

가는쑥부쟁이

全叶马兰 quan ye ma lan | 국화과

Aster pekinensis (Hance) F. H. Chen | 다년초

룽정시 2018.7.30.

연변 지역의 초원 및 길가 양지바른 곳에 자란다. 키는 1.4m까지 자라고, 줄기는 중간에서부터 여러 개로 갈라지며, 짧은 털이 있다. 7월 하순부터 8월 하순까지 피는 흰색 내지 분홍색 머리 모양 꽃은 줄기와 가지 끝에 1개씩 달린다. 잎은 선상 피침형으로 가장자리가 밋밋하고, 잎자루가 없이 줄기에 붙는다.

미역취

국화과 | *Solidago virgaurea* subsp. *asiatica* Kitam. ex H. Hara | 다년초

화룡시 선봉령 고산습지 2018.7.30.

연변 지역 숲 가장자리와 백두산 수목한계선의 활엽수림 및 습지에도 자란다. 키는 85cm까지 자라고, 7월 하순부터 8월 중순까지 피는 노란색 머리 모양 꽃은 줄기 끝과 윗부분의 잎겨드랑이에 여러 개가 달린다. 키가 5cm 정도로 작은 개체도 있다.

쌍잎난초

对叶兰 dui ye lan | 난초과 | *Neottia puberula* (Maxim.) Szlach. | 다년초

화룡시 선봉령 2018.7.31.

선봉령 및 백두산 해발 1600m 이상, 오십령 등지의 침엽수림 및 물기 많은 곳에 자란다. 키는 20cm까지 자라고, 7월 하순부터 8월 중순까지 피는 녹색 꽃은 줄기 끝에 2~14개가 달린다. 줄기 윗부분에 털이 있으며, 잎은 줄기 중간부에 2개가 마주 난다. 세부 자생지로는 선봉령 해발 1500m 숲속, 장백현, 오십령, 북백두 지하 삼림, 남백두 해발 1200m 일대이다.

열매

잎

8~9월

긴잎곰취

复序橐吾 fu xu tuo wu | 국화과 | *Ligularia jaluensis* Kom. | 다년초

돈화시 액목진 액목 습지 2018.8.10.

돈화시 액목 습지 또는 두만강변 해발 1000m 이하의 습지에 자란다. 키는 2m까지 자라고, 7월 하순부터 8월 중순까지 피는 노란색 머리 모양 꽃은 줄기 끝에 여러 개가 달리며, 꽃줄기는 가지를 치기도 한다. 각 머리 모양 꽃과 줄기가 만나는 부분에 있는 꽃싸개잎은 선형으로 주로 꽃자루보다 짧고, 각 머리 모양 꽃을 감싸고 있는 꽃싸개잎(총포)은 8~12조각으로 이루어져 있으며, 혀꽃은 5~8개이다. 잎은 삼각상 심장 모양이며, 잎자루가 40cm까지 길고 넓은 날개가 발달한 것이 특징이다.

흰잎엉겅퀴

绒背蓟 rong bei ji | 국화과 | *Cirsium vlassovianum* Fisch. ex DC. | 다년초

화룡시 숭선진 광평촌 2006.8.5.

연변 지역의 물기 많은 초원이나 습지 주변에 자란다. 키는 90cm까지 자라고, 7월 하순부터 8월 중순까지 피는 자주색 머리 모양 꽃은 줄기와 가지 끝에 1개씩 위를 향해 달린다. 전체에 가시털이 있으며, 잎 뒷면에 흰털이 빽빽하게 나 있고, 줄기 윗부분에 달린 잎에는 잎자루가 없는 특징을 갖는다.

노랑부추

黄花韭 huang hua jiu | 백합과 | *Allium condensatum* Turcz. | 다년초

룽정시 개산툰진 2013.8.2.

바위 절벽이나 사질토로 이루어진 척박한 땅에 자라며, 주로 두만강변을 중심으로 분포하나 일부는 연길시나 룽정시 일대 바위벽에도 자란다. 키는 50cm까지 자라고, 7월 하순부터 약 보름간 피는 연한 노란색 꽃은 줄기 끝에 여러 개가 둥근 모양으로 모여 달린다.

| 세부 자생지 |

· 연길시(팔도향), 룽정시(승지촌, 개산툰진), 도문시, 화룡시(숭선진, 남평진, 광평촌)

큰오이풀

太白花地榆 da bai hua di yu | 장미과 | *Sanguisorba stipulata* Raf. | 다년초

서백두(서파) 해발 2300m 2003.8.3.

백두산 해발 1700~2400m의 풀밭 및 계곡 주변에 자란다. 키는 80cm까지 자라고, 7월 하순부터 8월 중순까지 피는 흰색 꽃은 줄기 끝에 빽빽하게 달린다. 꽃은 대개 곧게 서며, 꽃잎이 없고, 수술이 길게 나와 있다. 가는오이풀(*S. tenuifolia*)에 비해 꽃이 아래에서부터 피어 올라간다.

꽃

쑥방망이

额河千里光 e he qian li guang | 국화과 | *Senecio argunensis* Turcz. | 다년초

화룡시 숭선진 광평촌 2006.8.5.

연변 지역 초원 및 숲 가장자리의 물기 많은 곳에 자란다. 키는 1.6m까지 자라고, 7월 하순부터 8월 중순까지 피는 노란색 머리 모양 꽃은 줄기 끝에 여러 개가 달린다. 잎이 쑥잎을 닮아 쑥방망이라 한다.

삼잎방망이

麻叶千里光 ma ye qian li guang | 국화과 | *Senecio cannabifolius* Less. | 다년초

남백두(남파) 입구 해발 1100m 2015.8.5.

백두산 해발 1600m 이하와 오십령, 선봉령 등 해발 1100m 이상의 물기 많은 곳 또는 계곡 부근에 자란다. 키는 2m까지 자라고, 7월 하순부터 8월 중순까지 피는 노란색 머리 모양 꽃은 줄기 끝에 여러 개가 모여 달린다. 잎이 깊게 갈라져 있어 삼(대마) 잎을 닮았다.

물미나리아재비

小掌叶毛茛 xiao zhang ye mao gen | 미나리아재비과

Ranunculus gmelinii DC. | 다년초

안도현 이도백하진(지북구) 쌍목봉 2003.7.30.

백두산 이도백하진 일대의 얕은 물속에서 군락을 형성하며 자란다. 7월 하순부터 8월 중순까지 피는 노란색 꽃은 꽃줄기에 1~4개씩 달린다. 꽃잎과 꽃받침잎은 5개씩이며, 줄기가 길게 뻗고, 잎은 갈라져 손바닥 모양이다. 자생지가 한정되어 있고 접근성이 좋지 않아서 관찰할 수 있는 범위가 좁아 쉽게 볼 수 없는 것이 아쉽다.

개버무리

齿叶铁线莲 chi ye tie xian lian | 미나리아재비과
Clematis serratifolia Rehder | 낙엽덩굴나무

안도현 풍산촌 2009.8.5.

연변 전 지역 저지대 숲 가장자리의 물기 많은 곳이나 길가 주변의 습한 곳에 자란다. 줄기는 덩굴성이며, 7월 하순에서 8월 중순까지 피는 노란색 꽃은 가지 끝과 잎겨드랑이에 1~6개씩 아래를 향해 달린다. 꽃잎은 없으며, 꽃잎처럼 보이는 꽃받침잎은 4개이다. 잎은 마주나며, 3개씩 2번 갈라져 작은잎 9개로 되어 있다. 세부 자생지는 연길시(삼도진, 의란진), 안도현(풍산촌, 신합향, 만보진), 화룡시(선봉림장, 와룡촌)이다.

장백투구꽃

长白乌头 chang bai wu tou | 미나리아재비과

Aconitum tschangbaischanense S. H. Li & Y. H. Huang | 다년초

북백두(북파) 해발 2150m 2003.7.28.

백두산 고산초원 및 왕지 습지 등에 자란다. 키는 1.4m까지도 자라고, 7월 하순부터 8월 중순까지 피는 보라색 꽃은 줄기 끝과 잎겨드랑이에 7~14개씩 달린다. 잎은 깊게 갈라지고, 줄기와 꽃자루에 굽은 털이 있는 것이 특징이며, 열매는 주로 5개로 갈라진다.

꽃

가는돌쩌귀

白毛乌头 bai mao wu tou | 미나리아재비과

Aconitum villosum Rchb. | 다년초

화룡시 선봉령 해발 1400m 2015.8.10.

백두산 주변 및 선봉령 일대 숲속과 숲 가장자리의 물기 많은 곳에 자란다. 키는 90cm까지 자라고, 줄기는 곧게 서거나 윗부분이 기운다. 7월 하순부터 8월 중순까지 피는 보라색 꽃은 줄기와 가지 끝에 2~7개씩 달린다. 꽃줄기에 굽은 털이 있으며, 열매는 주로 5개로 갈라진다. 잎은 더 가늘게 갈라지기도 한다.

놋젓가락나물(선덩굴바꽃)

미나리아재비과 | *Aconitum ciliare* DC. | 다년초

화룡시 숭선진 광평촌 2007.8.10.

연변 지역 해발 500~1000m의 습지에 자란다. 줄기는 다른 물체를 감아 올라가며 자란다. 줄기의 길이는 2m까지 자라고, 8월 초순부터 하순까지 피는 보라색 꽃은 줄기와 가지 끝에 여러 개씩 달린다. 열매는 주로 5개로 갈라진다. 자생지는 한정적으로, 습지 환경이 가장 좋은 광평촌, 돈화시 액목진, 대석두 안도현 신합향 일대에서 만날 수 있다. 중국식물지에서는 놋젓가락나물을 가는줄돌쩌귀(*A. volubile*)의 변종으로 취급하여, 꽃자루와 꽃받침 안쪽에 퍼진 털이 많은 기본종에 비해 굽은 털이 밀착하고 있다고 한다.

산용담

高山龙胆 gao shan long dan | **용담과** | *Gentiana algida* Pall. | **다년초**

북백두(북파) 해발 2350m 2010.8.12.

백두산 고산초원에 자란다. 키는 20cm까지 자라고, 7월 하순부터 8월 중순까지 피는 연한 노란색 꽃은 줄기 끝에 주로 2~3개씩 달린다. 세계적인 희귀식물이지만, 서백두와 남백두 일대에 군락으로 자생한다.

꽃

활량나물

大山黧豆 da shan li dou | 콩과 | *Lathyrus davidii* Hance | 다년초

안도현 신합향 2009.7.26.

연변 지역 숲 가장자리 및 양지바른 풀밭에 자란다. 키는 1.8m까지 자라고, 7월 하순부터 8월 중순까지 피는 꽃은 잎겨드랑이에 1~2개의 꽃줄기가 나와 10~40개씩 달린다. 꽃은 연한 노란색으로 피지만 점점 갈색으로 변한다.

만주잔대

长白沙参 chang bai sha shen | 초롱꽃과

Adenophora pereskiifolia (Fisch. ex Schult.) G. Don | 다년초

북백두(북파) 해발 2350m 2003.8.1.

백두산 고산초원과 오십령 망천어봉 일대에만 자란다. 키는 1m까지 자라고, 줄기는 가지를 치지 않는다. 7월 하순부터 8월 중순까지 피는 청자색 꽃은 줄기 끝에서 여러 개가 달린다. 줄기에 달리는 잎은 돌려나는 것과 어긋나는 것이 같이 있으며, 꽃차례의 가지는 돌려나지 않는다.

마타리

败酱 bai jiang | 마타리과 | *Patrinia scabiosifolia* Fisch. ex Trevir. | 다년초

화룡시 동남촌 2009.7.30.

연변 전 지역 초원지대의 양지바른 곳에 자란다. 키는 2m까지도 자라고, 7월 하순부터 8월 중순까지 피는 노란색 꽃은 줄기와 가지 끝에 여러 개가 모여 달린다. 뿌리에서 특유의 냄새가 난다. 마타리와 닮은 돌마타리(*P. rupestris*)는 마타리와 달리 열매에 꽃싸개잎이 발달한 날개가 있다.

돌마타리 도문시 장안진 2010.8.10.

물옥잠

雨久花 yu jiu hua | 물옥잠과 | *Monochoria korsakowii* Regel & Maack | 1년초

돈화시 흑석향 2010.8.20.

연변 지역의 물가 주변 및 논둑에 자란다. 키는 70cm까지 자라고, 7월 하순부터 8월 중순까지 피는 보라색 꽃은 줄기 끝에 10~20개가 달린다. 6개의 꽃잎 안에는 6개의 수술이 있으며, 이 중 5개는 노란색으로 짧고, 1개는 자주색으로 길다. 자주색 수술은 암술머리와 높이가 같은데, 이것은 갑자기 물이 불어나 꽃이 물에 잠기는 상황을 대비해 스스로 꽃가루받이가 가능하도록 설계된 것이다.

각시취

美花风毛菊 mei hua feng mao ju | 국화과

Saussurea pulchella (Fisch.) Fisch. ex Colla | 2년초

화룡시 숭선진 두만강 발원지 2003.8.1.

연변 전 지역 및 백두산 해발 1600m의 초원과 물기 많은 곳에 자란다. 키는 1.2m까지 자라고, 7월 하순부터 8월 중순까지 피는 분홍색 머리 모양 꽃은 줄기 끝에 여러 개가 달린다. 꽃 안쪽에서 피는 통꽃보다 그 주위를 둘러싸는 분홍색의 꽃싸개잎이 더 화려하다.

꽃

웅긋나물

국화과 |*Aster fastigiatus* Fisch. | 다년초

연길시 소영진 2010.7.30.

연변 지역의 물기 많은 초원지대 또는 숲 가장자리에 자란다. 키는 1m까지 자라고, 7월 하순부터 8월 중순까지 피는 흰색 머리 모양 꽃은 줄기 끝에 여러 개가 모여 달린다. 잎은 좁고 길며, 뒷면에 흰빛이 돈다.

귀박쥐나물

耳叶蟹甲草 er ye xie jia cao

국화과 | *Parasenecio auriculatus* (DC.) J. R. Grant | 다년초

화룡시 선봉령 2018.7.31.

선봉령과 오십령 등 백두산 주변 해발 1500m 이하 숲속의 그늘지고 물기 많은 곳에 자란다. 키는 1m까지 자라고, 7월 하순부터 8월 하순까지 피는 자색빛 또는 연둣빛이 도는 흰색 머리 모양 꽃은 줄기 끝에 여러 개가 달리어 전체적으로 원통 모양이 된다. 각 머리 모양 꽃을 감싸고 있는 꽃싸개잎은 5조각(드물게 4조각)으로 이루어져 있다. 줄기 중간부에 있는 잎의 잎자루 기부가 발달하여 귓바퀴 모양으로 줄기를 감싼다. 흔히 기부를 제외한 잎자루에는 날개가 없지만 좁게 나타나는 경우도 있다.

잎자루

큰박쥐나물

星叶蟹甲草 xing ye xie jia cao | **국화과**

Parasenecio komarovianus (Pojark.) Y. L. Chen | **다년초**

북백두(북파) 소천지 2010.7.30.

백두산 수목한계선 및 연변 지역 해발 1100m 이상 지역의 숲속 습한 곳에 자란다. 키는 2m가 넘게 자라기도 하며, 7월 하순부터 8월 중순까지 피는 연한 노란색 머리 모양 꽃은 줄기 끝과 윗부분의 잎겨드랑이에 여러 개씩 달리어 전체적으로 피라미드 모양이 된다. 각 머리 모양 꽃을 감싸고 있는 꽃싸개잎은 4~5조각으로 이루어져 있다. 잎자루에 넓은 날개가 발달하고, 기부는 줄기를 감싸며 가장자리에 톱니가 있거나 없다. 여기서는 중국 식물지에서 길림성을 비롯한 한국에도 분포한다는 개체의 학명을 따랐으며, 잎자루 날개에 톱니가 있는 것(참나래박쥐)과 없는 것(나래박쥐나물)은 WFO에서 모두 인정하지 않고 있다.

잎

민박쥐나물

无毛山尖子 wu mao shan jian zi | **국화과**

Parasenecio hastatus var. *glaber* (Ledeb.) Y. L. Chen | **다년초**

안도현 이도백하진(지북구) 2017.5.30.

서백두 왕지 초원과 연변 지역 해발 700m 이상 숲속의 그늘진 곳에 자란다. 키는 1.5m까지 자라고, 7월 하순부터 8월 중순까지 피는 연한 노란색 머리 모양 꽃은 줄기 끝과 윗부분의 잎겨드랑이에 여러 개씩 달리어 전체적으로 피라미드 모양이 된다. 잎자루에 좁은 날개가 발달하며, 기부는 줄기를 감싸지 않는다. 각 머리 모양 꽃을 감싸고 있는 꽃싸개잎은 5~8조각으로 이루어져 있으며, 잎과 꽃싸개잎에 털이 거의 없다. 국내에서 민박쥐나물은 잎 뒷면과 꽃싸개잎에 털이 밀생하는 털박쥐나물(*P. hastatus*)의 변종(var. *orientalis*) 또는 아종(ssp. *orientalis*)으로 처리되고 있으나 여기서는 중국식물지에서 길림성을 비롯한 한국에도 분포한다고 하는 종의 학명을 따랐다.

남백두(남파) 해발 2200m 2011.6.15.

서백두(서파) 해발 2270m 2012.6.16.

유령란

裂唇虎舌兰 lie chun hu she lan | **난초과** | *Epipogium aphyllum* Sw. | **다년초**

남백두(남파) 2014.8.1.

백두산 일대의 침엽수림 및 습한 곳에 자란다. 키는 30cm까지 자라고, 7월 하순부터 8월 중순까지 피는 분홍빛이 도는 연한 노란색(또는 흰색) 꽃은 줄기 끝에 2~8개가 달린다. 입술꽃잎이 아래가 아닌 위를 향해 피어 있는 꽃을 피운다. 자생지가 매우 제한적이며, 개화기간도 5일 정도밖에 되지 않고, 환경에 민감하여 해마다 개화 여부가 달라진다. 이런 이유로 유령처럼 나타났다 사라진다 하여 유령란이라 한다. 세부 자생지는 이도백하진(부석림), 북백두 지하삼림, 오십령 해발 1500m, 남백두 해발 1100m 지점이다. 현재 개체수가 가장 많은 곳은 오십령 지역이며, 북백두 지하삼림에는 예전에는 개체수가 많았으나, 최근에는 환경변화로 인해 개체수가 급감하였다.

2014.08.01 남백두(남파)해발1100m

구름병아리난초

二叶兜被兰 er ye dou bei lan | 난초과
Ponerorchis cucullata (L.) X. H. Jin
다년초

안도현 이도백하진(지북구) 부석림 2013.8.1.

연변 지역 침엽수림 및 백두산 주변 일대의 물기 많은 곳에 자란다. 키는 20cm까지 자라고, 7월 하순부터 8월 하순까지 피는 연분홍색 꽃은 줄기 끝에 4~25개가 달린다. 지역에 따라 개화시기가 많이 다르다. 개체수가 가장 많은 곳은 연길시 모아산으로 약 100만 개체가 자생하여, 전체 규모를 파악하기 어려운 정도이다. 중국식물지와 플랜트 리스트에서는 구름병아리난초를 나비난초속이 아닌 *Neottianthe*속에 귀속(*N. cucullata*)시켰다.

잎

껄껄이풀

宽叶还阳参 kuan ye huan yang shen | 국화과

Crepis coreana (Nakai) H. S. Pak | 다년초

북백두(북파) 해발 2300m 2003.7.28.

백두산 고산초원 및 해발 1600m 지역과 오십령 습지에 자란다. 키는 55cm까지 자라고, 7월 하순부터 8월 중순까지 피는 노란색 머리 모양 꽃은 줄기와 가지 끝에 1~3개씩 달린다. 조밥나물(*Hieracium. umbellatum*)과 닮았으나, 키가 작고, 잎이 보다 넓은 점이 다르다. 그래서 넓은잎조밥나물이라고도 한다. 껄껄이풀은 조밥나물속(*Hieracium*)에 속하였으나, 최근에는 나도민들레속으로 귀속되었다.

꽃

조밥나물

山柳菊 shan liu ju | 국화과 | *Hieracium umbellatum* L. | 다년초

화룡시 숭선진 광평촌 2008.8.10.

화룡시 두만강 상류 광평촌, 두만강 발원지, 김일성 낚시터를 비롯하여 물기 많은 초원에 자란다. 키는 1.2m까지 자라고, 8월 초순부터 중순까지 피는 노란색 머리 모양 꽃은 줄기와 가지 끝에 여러 개가 달린다. 껄껄이풀(*Crepis. coreana*)에 비해 키가 더 크고, 잎이 가늘고 길다.

큰바늘꽃

柳叶菜 liu ye cai | 바늘꽃과 | *Epilobium hirsutum* L. | 다년초

화룡시 복동진 2010.8.10.

룡정시 동성용진, 화룡시 복동진, 선봉령 해발 800m 이하의 강변 또는 도랑에 자란다. 키는 1.2m 이상으로도 자라고, 8월 초순부터 중순까지 피는 분홍색 꽃은 줄기 윗부분의 잎겨드랑이에 1개씩 달린다. 전체에 털이 많으며, 암술머리가 4개로 갈라지는 특징을 갖는다. 우리나라 멸종위기2급 식물이다.

제비동자꽃

丝瓣剪秋罗 si ban jian qiu luo | 석죽과
Lychnis wilfordii (Regel) Maxim. | 다년초

무송현 송강하진(지서구) 전천림장 2010.8.17.

연변 지역 및 백두산 주변의 숲 가장자리 물기 많은 곳에 자란다. 키는 1m까지 자라고, 8월 초순부터 중순까지 피는 다홍색 꽃은 줄기 끝에 여러 개가 달린다. 꽃잎이 제비가 날아가는 모습으로 가늘게 갈라져 있다. 우리나라 멸종위기2급 식물이다.

독활

东北土当归 dong bei tu dang gui

두릅나무과

Aralia continentalis Kitag. | **다년초**

화룡시 선봉령 2007.8.30.

연변 지역의 비교적 높은 산속 또는 숲 가장자리의 습한 곳에 자란다. 키는 1m까지 자라고, 전체에 털이 있으며, 8월 초순부터 하순까지 피는 연녹색 우산 모양 꽃은 줄기 끝에 많은 수가 달린다. 독활과 닮은 땅두릅(*A. cordata*)은 하나의 잎자루에 붙은 작은잎들의 모양이 모두 비슷하고 각 낱꽃의 꽃자루가 1cm 정도인 데 반해, 독활은 작은잎들의 모양이 균일하지 않고 각 낱꽃의 꽃자루가 5mm 정도이다. 국내에서는 독활을 땅두릅의 변종(var. *continentalis*)으로 처리하고 있으나, 중국식물지와 WFO에서는 별개의 종으로 취급하고 있어 이를 따랐다.

열매

둥근바위솔

钝叶瓦松 dun ye wa song | 돌나물과

Orostachys malacophylla (Pall.) Fisch. | 다년초

북백두(북파) 흑풍구 2018.7.10.

백두산 고산초원 바위지대 및 천지 주변 모래밭에 자란다. 키는 20cm까지 자라고, 8월 초순부터 하순까지 피는 녹색빛이 도는 흰색 꽃은 줄기에 빽빽하게 달린다. 중국 내 다른 바위솔들과는 달리 잎 끝에 가시가 없다.

바위솔

晩红瓦松 wan hong wa song | 돌나물과

Orostachys japonica (Maxim.) A.Berger | 다년초

화룡시 숭선진 2009.8.30.

연변 전 지역의 바위지대 또는 사질토 지역에 자란다. 키는 20cm까지 자라고, 8월 하순부터 9월 하순까지 피는 분홍빛이 도는 흰색 꽃은 줄기에 빽빽하게 달린다. 둥근바위솔(*O. malacophylla*)과 달리 잎 끝에 가시가 있다.

애기앉은부채

日本臭菘 ri ben chou song
천남성과 | *Symplocarpus nipponicus* Makino | **다년초**

안도현 이도백하진(지북구) 2010.8.20.

백두산 주변 이도백하진, 송강하진, 로수하진, 천양진 일대 숲속의 습한 곳에서만 자란다. 8월 초순부터 하순까지 피는 육질의 꽃차례(육수꽃차례)는 길이 1cm 정도이며, 자주색의 불염포에 싸여 나온다. 이른 봄에 개화하는 앉은부채(*S. renifolius*)에 비해 잎의 길이가 10~20cm로 절반 정도이며, 꽃은 잎이 다 나오거나 지고 난 후에 개화한다. 열매는 이듬해 새로운 꽃이 필 때 익는다.

열매

과꽃

翠菊 cui ju | 국화과 | *Callistephus chinensis* (L.) Nees | 1년초

화룡시 석인촌 2007.8.20.

연변 전 지역의 초원 및 길가 등 양지바른 곳에 자란다. 키는 1m까지 자라고, 8월 초순부터 9월 중순까지 피는 연보라색 머리 모양 꽃은 줄기와 가지 끝에 1개씩 달린다. 줄기는 주로 자주색이며, 흰털이 나 있다. 과꽃속에는 과꽃 1종만이 있으며, 꽃이 지름 10cm에 달할 정도로 크고, 꽃 바로 아래의 꽃싸개잎들 중 가장 바깥에 있는 것이 가장 길며, 꽃싸개잎들이 잎처럼 보이는 것이 특징이다. 전 세계적으로 여러 원예종으로 개발된 과꽃은 한국(북부)과 중국이 원산지이다.

가시연

芡实 qian shi | 수련과 | *Euryale ferox* Salisb. | 1년초

돈화시 연명호진 2009.8.15.

훈춘시 경신진 구사평과 돈화시 연명호진 두 곳에서 자생을 확인하였다. 8월 중순부터 하순까지 피는 자주색 꽃은 잎 사이에서 나온 꽃줄기 끝에 1개씩 달린다. 식물체 전체에 강한 가시가 많고, 잎은 지름이 1.5m에 달할 정도로 크다. 국내 멸종위기2급 식물이다.

꽃

어리연꽃

金银莲花 jin yin lian hua | 조름나물과

Nymphoides indica (L.) Kuntze | 다년초

돈화시 흑석향 2008.8.13.

돈화시 흑석향에서만 자생을 확인하였으며, 물속에 자란다. 8월 중순부터 하순까지 피는 흰색 꽃은 잎겨드랑이에 여러 개가 달린다. 꽃잎에 긴 털이 많이 달린다.

수염용담

扁蕾 bian lei | 용담과

Gentianopsis barbata (Froel.) Ma | 1년초 또는 2년초

룽정시 동성용진 2008.8.22.

룽정시 동성용진과 왕청현 천교령진 일대의 물기 많은 초원에 자란다. 키는 40cm까지 자라고, 줄기는 곧게 서며, 위쪽에서 갈라진다. 8월 중순부터 하순까지 피는 연보라색 꽃은 가지 끝에 1개씩 달린다. 통꽃은 4갈래로 갈라져 있는데, 각 갈래의 기부 가장자리가 수염처럼 갈라져 있어 수염용담이라 한다.

병아리풀

小扁豆 xiao bian dou | 원지과 | *Polygala tatarinowii* Regel | 1년초

훈춘시 반석진 대판령 2009.8.25.

훈춘시와 왕청현 지역의 숲 가장자리 또는 도로변 물기 많은 곳에 자란다. 키는 15cm까지 자라고, 8월 중순부터 하순까지 피는 자주색 꽃은 줄기와 가지 끝에 여러 개가 한쪽으로 치우쳐 달린다.

백부자(노란돌쩌귀)

黄花乌头 huang hua wu tou | 미나리아재비과

Aconitum coreanum (H. Lév.) Rapaics | 다년초

화룡시 동남촌 2006.8.30.

연변 전 지역의 초원 및 숲 가장자리의 물기 많은 곳에 자란다. 키는 1m까지 자라고, 8월 중순부터 9월 초순까지 피는 황백색 꽃은 줄기 끝과 윗부분의 잎겨드랑이에서 나온 꽃줄기에 2~7개씩 달린다. 꽃잎처럼 보이는 꽃받침잎은 5개로 맨 위 것은 이마가 튀어나온 고깔처럼 생겼으며, 그 안에 2개의 꽃잎이 들어 있다. 열매는 주로 3개로 갈라진다. 국내 멸종위기2급 식물이다.

절굿대

糙毛蓝刺头 cao mao lan ci tou | 국화과 | *Echinops setifer* Iljin | 다년초

왕청현 대흥구진 2016.8.20.

연변 지역의 초원 및 도랑 주변에 자란다. 키는 1~2m 정도로 자라고, 줄기는 갈라지지 않거나 윗부분에서 약간 갈라지며 흰털로 덮여 있다. 8월 중순부터 9월 초순까지 피는 남자색 머리 모양 꽃은 줄기와 가지 끝에 1개씩 달린다.

꿩의비름

八宝 ba bao | 돌나물과 | *Hylotelephium erythrostictum* (Miq.) H. Ohba | 다년초

화룡시 숭선진 광평촌 2009.9.5.

연변 지역의 습지 주변이나 물기 많은 곳에 자란다. 키는 70cm까지 자라고, 8월 하순부터 9월 중순까지 피는 분홍빛의 흰색 꽃은 줄기 끝에 많은 수가 모여 달린다.

참억새

芒 mang | 벼과 | *Miscanthus sinensis* Andersson | 다년초

안도현 이도백하진(지북구) 내두산 2006.9.1.

백두산 주변 및 연변 지역의 들판에 자란다. 키는 2m(최대 4m) 정도 자라고, 줄기는 가지를 치지 않는다. 9월에 피는 꽃은 줄기 끝에 빽빽하게 모여 달린다. 수술은 3개이고, 까락이 길게 튀어나와 있다. 억새는 여러 가지 변이를 보이며 넓게 분포하는 종이기에 WFO에서는 억새(var. *purpurascens*)와 흰억새(var. *albiflorus*), 가는잎억새(var. *gracillimus*), 묏억새(var. *ionandros*), 거문억새(var. *keumunensis*), 중정억새(var. *nakaianus*), 순안억새(var. *sunanensis*), 금억새(var. *chejuensis*), 얼룩억새(f. *variegatus*)를 모두 참억새의 이명으로 처리하였다.

용담

龙胆 long dan | **용담과** | *Gentiana scabra* Bunge | **다년초**

연길시 의란진 고성촌 2010.9.5.

연변 지역의 물기 많은 풀밭이나 숲 가장자리에 자란다. 키는 60cm까지 자라고, 9월 초순부터 중순까지 피는 남자색(드물게 흰색) 꽃은 줄기 끝과 윗부분의 잎겨드랑이에 1개에서 여러 개가 달린다.

별꽃풀

藜芦獐牙菜 li lu zhang ya cai
용담과 | *Swertia veratroides* Maxim. ex Kom. | 다년초

연길시 숭선진 광평촌 2008.9.10.

두만강변의 광평촌 일대 습지에만 자란다. 키는 1m까지 자라고, 9월 초순부터 중순까지 피는 연한 노란색 꽃은 줄기 끝과 윗부분의 잎겨드랑이에 여러 개가 달린다. 꽃통은 5갈래로 갈라지며, 각 갈래마다 꿀샘이 2개씩 있다. 연길시 의란진 고성촌 습지에서 연한 보라색의 별꽃풀이 관찰되기도 하였다.

보라꽃

개쓴풀

日本獐牙菜 ri ben zhang ya cai | 용담과

Swertia diluta var. *tosaensis* (Makino) H. Hara | 1년초 또는 2년초

화룡시 숭선진 2009.9.12.

화룡시 숭선진, 남평진, 백금향 일대와 두만강변 초원에 자란다. 키는 70cm까지도 자라고, 9월 초순부터 중순까지 피는 흰색 꽃은 줄기 끝과 잎겨드랑이에 여러 개씩 달린다. 꽃통은 5갈래로 갈라지며, 각 갈래마다 길고 꼬불꼬불한 털이 달린 꿀샘이 2개씩 있다.

자주쓴풀

瘤毛獐牙菜 liu mao zhang ya cai | 용담과

Swertia pseudochinensis H. Hara | 1년초 또는 2년초

화룡시 동남촌 2008.9.5.

연변 지역의 초원에 자란다. 키는 40cm까지 자라고, 9월 초순부터 하순까지 피는 자주색(드물게 흰색) 꽃은 줄기 윗부분의 잎겨드랑이에 여러 개가 달린다. 꽃통은 5갈래로 갈라지며, 각 갈래마다 길고 꼬불꼬불한 털이 달린 꿀샘이 2개씩 있다.

큰잎쓴풀

苇叶獐牙菜 wei ye zhang ya cai | 용담과
Swertia wilfordii (A. Kern.) Kom. | 다년초

연길시 의란진 고성촌 2009.10.5.

현재까지 연길시 의란진 고성촌의 풀밭에서 자생을 확인하였다. 키는 80cm까지도 자라고, 가지가 많이 갈라진다. 9월 하순부터 10월 초순까지 피는 보라색 꽃은 줄기 끝과 잎겨드랑이에 여러 개씩 달린다. 꽃통은 4갈래로 갈라진다.

가새쑥부쟁이

裂叶马兰 lie ye ma lan | 국화과 | *Aster incisus* Fisch. | 다년초

화룡시 동남촌 2008.9.5.

연변 전 지역의 초원 또는 햇빛이 잘 드는 길가에 자란다. 키는 1.2m까지 자라고, 줄기는 바로 서며 윗부분에서 갈라진다. 9월 초순부터 하순까지 피는 연분홍색 머리 모양 꽃은 줄기와 가지 끝에 1개씩 달린다.

부록

1. 백두산과 인근 지역 설명

북백두 천지

백두산의 천지를 보기 위해 가장 많이 찾는 곳은 북백두 천문봉이다. 해발 1600m 지점에서 차를 타고 약 20여 분 오르면 천문봉 밑 기상대에 도착하며 걸어서 10분이면 천문봉 주봉에 오르게 된다. 우측으로는 중국 측에서 가장 높은 백운봉(2691m)이 있고 좌측 11시 방향에 북한 측 백두산 최고봉인 장군봉(해발 2750m)이 있다.

북백두 U협곡

백두산 천지에서 비룡폭포(장백폭포)까지 흐르는 물줄기를 통천하라 한다. 76m 길이의 거대한 비룡폭포(장백폭포)에서 지하삼림으로 흐르면서 이도백하를 중심으로 한 양쪽의 거대한 바위지대를 품고 있는 것이 U협곡이다. 우측 바위 상부에 흑풍구가 있으며 좌측 골짜기 사스래나무 숲에 소천지가 있다.

북백두 소천지

북백두 해발 1700m 사스래나무 숲속에 자리 잡고 있으며 중국 측 백두산 내 호수 중 가장 작은 호수에 속한다. 주변에는 바위지대가 형성되어 각종 고산초원에 자생하는 식물과 숲속 식물들이 함께 자란다.

북백두 장백폭포

백두산 천지물이 흐르는 유일한 물줄기가 비룡폭포(장백폭포)를 통해 흐른다. 상부는 통천하라 하며 하부는 이도백하라 한다. 1980년 이전에 폭포 앞에 사찰이 있었다고 한다.

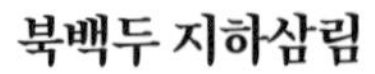

북백두 지하삼림

북백두 해발 1500m의 혼합수림대로 구성되어 있고 지각변동으로 인해 일부지반이 내려앉은 풍경을 두고 지하삼림이라 하였다. 숲 자체는 이끼층이 두껍고 습한 환경으로 백두산에 자생하는 난초과 식물의 약 70%가 자생한다.

서백두 천지, 서백두 1443계단

백두산 천지 일출을 볼 수 있는 곳은 유일하게 서백두이다. 중조 5호경계비가 있고 1443계단을 힘들게 오르면 천지 일출을 볼 수 있는 행운을 얻을 수 있다.

서백두 금강대협곡

서백두 해발 1500m에 위치한 대협곡으로 남백두의 압록대협곡과 함께 백두산 최대 협곡으로 손꼽힌다. 협곡 중앙부는 금강폭포에서 흘러온 물줄기가 이어지고 양쪽사면은 풍화작용으로 인해 매년 조금씩 새로운 모습으로 탈바꿈한다. 숲 형태는 주로 침엽수림대로 구성되어 있어 식물상이 다양하지 못하다.

망천어봉

백두산에서 뻗어 나온 3개의 산줄기 중 하나가 장송령, 오십령을 지나면 망천어봉(2080m)에 이른다. 좌측으로는 백운봉에서 펼쳐지는 고산초원 줄기를 볼 수 있고 우측으로는 백두산 최고봉인 장군봉이 희미하게 보이며, 정면에는 서백두로 올라 천지를 볼 수 있는 5호경계비가 자리 잡고 있다.

남백두 천지

남백두 해발 2550m로 중조 4호경계비가 세워져 있으며 정면으로 천문봉과 천지물이 흐르는 통천하를 볼 수 있다. 좌측은 서백두 5호경계비가 있고 우측으로는 백두산 최고봉인 장군봉(해발 2750m)이 자리 잡고 있다.

남백두 금강폭포 가는길

남백두 해발 1600m에 위치해 있으며 비룡폭포(장백폭포) 다음으로 중국 측 백두산 자연 폭포에 속한다. 아직 개방되어 있지 않아 일반인이 출입할 수 없으며, 주변 환경이 주로 활엽수인 사스래나무 숲과 초원지대로 형성되어 있어 또 다른 고산화원이라 할 수 있다.

남백두 해발 2200m ————————

6월 황산차(담자리참꽃)와 노랑만병초의 최대군락지이며 완만한 평지를 이루고 있어 광활한 백두산 고산초원의 진미를 즐길 수 있다.

화룡시 광평화원

화룡시 숭선진 광평촌부터 두만강 상부에 위치한 김일성 낚시터까지 약 20km 구간을 광평화원이라 한다. 대부분이 습지이며 해발 고도가 1000m를 육박하는 고지대에 속해 있어 교목보다 관목 활엽수가 자라고 있고 일조량과 물이 풍부에 초본식물들이 자라기에 안성맞춤이다. 6월에서 9월까지 여러 식물들의 꽃이 피고 지는 화원이다.

화룡시 선봉령

백두산에서 뻗은 산줄기의 하나로 화룡시와 안도현의 경계를 이룬다. 안도현에 속한 지역의 날씨는 백두산과 매우 흡사하여 형제라면 아우에 해당하는 산이다. 백두대간이 한반도의 척추라면 선봉령 줄기는 연변의 척추이다. 선봉령 식물 탐사는 주로 해발 1400m에 위치한 선봉령 봉사구역 센터 일대에서 진행된다.

화룡시 선봉령 고산습지

백두산에서 시작하는 3개의 산줄기 중에 하나로 화룡시에서 백두산으로 가는 길목에 가장 높은 산이다. 해발 1500m 지점에 거대한 습지가 형성되어 있으며, 이것이 해란강 발원지이다. 긴부리가 달린 새의 서식지라 하여 만주어로 로리커라고도 하며 선봉령 봉사구역 센터에서 동남쪽으로 약 1시간 20분 정도 산길을 걸어가면 만날 수 있다. 겨울이면 연변에서 눈꽃이 가장 아름다운 곳이기도 하다.

안도현 신합 습지

안도현 신합향에서 백두산 방면으로 약 2km 정도 가다가 좌측으로 보이는 넓은 습지가 신합 습지이다. 홍수와 가축 방목 등으로 훼손이 되었지만 연길에서 백두산 가는 길에 들러 수생식물을 만날 수 있는 최적지이다.

돈화시 액목 습지

돈화시에서 북서쪽으로 약 70km 지점에 있는 액목진(면소재지)을 거쳐 노백산(1770m) 방향으로 10km 정도를 가면 여러 개의 습지들이 나타난다. 7~8월이면 해발 400m밖에 되지 않는 고도에도 불구하고 자생하는 백두산 고지대 습지 식물을 비롯하여 액목 습지에서만 볼 수 있는 식물들이 화원을 이룬다.

원지

백두산에서 동쪽으로 약 25km 지점에 있는 쌍목봉을 지나 좌측 침엽수림대 잎갈나무 숲에 자리 잡고 있다. 중국 측 백두산지역 4개 호수 중 천지 다음으로 큰 호수에 속하며 만주족의 발상지로 처녀 욕궁처라는 표지석이 세워져 있다.

용문봉 하단

북백두에서 서백두 주봉을 따라 종주한다면 꼭 용문봉를 지나야 한다. 백두산 고산식물을 마음껏 즐기기 위해서는 필수 코스지만 중국 측에 개별적으로 허가를 받아야만 가능하다.

왕청현 천교령진

연길에서 북서쪽으로 약 80km 떨어진 곳에 위치한 천교령진은 대흥구진과 춘양진 중앙에 속해 있으며, 시멘트공장이 있을 정도로 주변이 석회암 지대로 이루어져 있어 복주머니란속 식물들의 최적의 자생지로 꼽힌다. 복주머니란과 노랑복주머니란, 얼치기복주머니란 및 털복주머니란을 모두 만날 수 있는 곳이다.

룽정시 조양천진

연길에서 서쪽으로 약 20km 지점에 있는 룽정시에 속하는 곳이다. 전체 면적 약 1만 평 규모의 완만한 사면 형태로 되어 있어 7월부터 다양한 초원식물들이 자라며, 전망 또한 우수하다.

오십령(우슬린)

무송현과 장백현의 경계를 이룬 고갯길이 오십령(중국어로 우슬린)이다. 해발 1700m의 고갯길은 장송령 터널 건설로 더 이상 갈 수 없으며, 해발 1500m의 장송령 일대까지 오십령으로 칭한다. 주로 침엽수림이 자라고 있으며 땃두릅나무와 개병풍 군락지로 유명하다. 또한 북백두 지하삼림과 환경이 비슷하여 난초과 식물들이 많이 자란다.

연길시 모아산

민속촌과 전망대, 식물원 등 다양한 시설들이 갖춰져 있어 연길 시민들의 자연 휴식처로 각광을 받고 있는 곳이다. 조림사업을 통해 주로 침엽수림대로 이루어져 있으며, 키다리난초와 구름병아리난초의 최대군락지이다. 연길 시내에서 차로 약 20분 거리에 있어 접근성도 좋다.

훈춘시 대판령

훈춘시에서 동남쪽인 방천 가는 길로 약 30km 거리에 있는 첫 번째 터널구간이 대판령이다. 연변 지역에서 가장 먼저 꽃소식을 알리는 곳으로 4월 중순에 노루귀를 비롯한 봄꽃이 피기 시작한다. 해발고도는 약 300m 내외로 활엽수림대에 속하며 주종은 신갈나무가 대부분이다. 연변 전체 지역의 식물상과 달리 이곳에서만 자라는 식물들이 있어 생태적으로 높은 가치가 있다.

부석림

백두산 북파 산문에서 원지로 약 5km 정도 가다보면 좌측에 부석림이 있다. 부석림은 특이한 바위들이 수백 년 깎이어 만들어진 곳으로 관광객들이 주로 찾는 곳이지만, 한 번쯤 식물 탐사를 해도 좋은 곳이다. 부석림 내에는 다른 곳에서는 쉽게 볼 수 없는 식물들을 볼 수 있는데, 대표적으로는 홀꽃노루발과 유령란이 있다. 그 외 주변에는 분홍노루발과 땃딸기들이 많이 자란다.

황송포 습지

백두산 저지대 일대는 물이 풍부하여 크고 작은 습지들이 많이 형성되어 있다. 그 중 해발 1080m 일대 축구장 1.5배 크기의 황송포 습지는 습지 식물이 다양할 뿐만 아니라 주변이 침엽수림대로 구성되어 있어 북방계 식물의 다양성도 매우 높다. 대표적으로 습지 주변에는 백산차와 월귤 군락이, 안쪽에는 세잎솜대와 장지채 등이 군락을 형성하고 있다. 백두산 북파 산문에서 가까워 백두산 식물탐사를 한다면 꼭 찾아볼 만한 곳이며, 한때 관광지로 개발하기 위해 산책로를 만들어놓아 탐사 시 습지를 훼손하지 않아도 충분히 둘러볼 수 있어 좋다.

미인송(*Pinus sylvestris* var. *sylvestriformis*)

백두산의 희귀식물이며 이도백하(지북구)의 상징이다. 쭉쭉 뻗어 하늘까지 닿을 것 같은 교목으로 아름다운 미인을 상징한다 하여 미인송이라 한다. 연변에서는 호텔 이름에 미인송을 사용하거나 가로등 모양을 미인송으로 만들 정도로 인기가 많다.

북백두 겨울 사스래나무

세계적으로 고산지대에 자라는 교목은 침엽수가 대부분이지만, 백두산은 특이하게도 활엽수가 그 자리를 차지한다. 자작나무과에 속하는 사스래나무는 백두산의 가을에 단풍을 안겨주고, 겨울이면 흰 수피와 눈이 하나가 되는 풍경을 선사한다.

사과배나무

사과나무와 돌배나무를 접붙이기한 사과배나무는 연변의 특산물로 유명하다. 사과와 배 두 가지 맛을 동시에 즐길 수 있는 과일로 연길시 모아산 자락(룡정시)에 아시아 최대의 농장이 있다. 5월 초면 사과배나무에 흰꽃이 피어 하얀 눈이 내린 듯한 풍경을 볼 수 있다.

2. 지역별 주요 식물

| 백두산 |

구역	행정소재지(고도)	탐사 기간	주요식물	비고
북백두	소천지(1650m)	6월 초~7월 말	좀설앵초, 각시투구꽃, 털복주머니란(흰꽃)	
	장백폭포(1800m)	7월 초~말	두메냉이, 우수리꽃다지	
	지하삼림(1500m)	6월 초~8월 중	애기무엽란, 홀꽃노루발, 유령란	
	천문봉(2600m)	6월 중~7월 말	황산차, 구름송이풀, 두메양귀비	
	운동원촌(1600m)	5월 말~8월 초	애기풍선난초, 개제비란, 산호란	
서백두	왕지(1400m)	7월 초~8월 초	너도제비란, 어리곤달비, 분홍바늘꽃	
	고산초원(1600~1800m)	7월 초~8월 초	붓꽃, 산속단, 구름패랭이꽃	
	5호경계비(2480m)	6월 중~8월 중	구름범의귀, 가솔송, 산용담	
	금강폭포(1700m)	6월 말~8월 초	손바닥난초, 복주머니란, 오리나무더부살이	출입제한
	금강대협곡(1600m)	5월 말~6월 초	나도제비란, 참기생꽃	
남백두	4호경계비(2550m)	6월 초~8월 초	노랑만병초, 황산차, 산용담	출입제한
	압록강대협곡(1500m)	5월 말~6월 중	애기풍선난초, 백산차	출입제한
	고산초원(1900~2400m)	6월 중~8월 초	나도여로, 조선바람꽃, 홍월귤	출입제한

| 연변 지역 초원 |

시구역	행정소재지(고도)	탐사 기간	주요식물	비고
연길시	소영진(380m)	7월 초~말	낭독	
	의란진 석인촌(350m)	7월 초~8월 중	큰제비고깔, 금혼초	
	팔도향 쌍봉촌(280m)	5월 초~중	할미꽃, 분홍할미꽃	
도문시	량수진(180m)	7월 초~8월 초	방풍, 과꽃	
	장안진(220m)	5월 초~중	낭독, 낭화붓꽃	
룡정시	동성용진(300m)	7월초~8월 초	옹굿나물, 방풍	
	조양천진(280m)	7월 초~8월 중	실쑥, 금혼초, 용머리(분홍색)	
	명동촌(220m)	6월 초~중	큰솔나리, 좁은잎사위질빵	
	중흥촌(300m)	6월 초~중	큰솔나리	
화룡시	서성진 신동촌(280m)	7월 초~8월 초	벌깨풀, 솔나리	
	숭선진 옥석촌(460m)	7월 초~9월 초	금혼초, 개쓴풀	출입제한
	동남촌(310m)	7월 초~9월 중	백부자, 가는다리장구채	
	숭성진 광평촌(800m)	6월 말~8월 말	큰솔나리, 솔나리, 중나리	출입제한
	두만강 발원지(980m)	7월 초~9월 중	손바닥난초	출입제한
안도현	풍산촌(310m)	5월 초~중	할미꽃, 분홍할미꽃, 연변할미꽃	
	복흥촌(310m)	7월 중~8월 중	과꽃	
	신합향(330m)	7월 초~8월 초	백부자, 큰제비고깔	
왕청현	천교령진(550m)	5월 말~8월 말	수염용담, 복주머니란, 털복주머니란	
	복흥진(470m)	7월 초~8월 초	수염패랭이꽃, 손바닥난초	

| 습지 |

시구역	행정소재지(고도)	탐사 기간	주요식물	비고
돈화시	액목 1-6습지(460m)	6월 말~8월 중	흰제비란, 닭의난초, 큰송이풀	
	대석두진(380m)	5월 말~6월 초	제비붓꽃 최대자생지	
안도현	신합향 1,2습지(310m)	5월 중~6월 초	조름나물, 황새풀	
	이도백하 1,2습지 (750m)	4월 말~7월 중	진퍼리꽃나무, 버들까치수염	
	황송포(1180m)	6월 초~7월 말	세잎솜대, 진퍼리버들, 장지채	
화룡시	선봉령 고산습지 (1500m)	6월 초~8월 초	장지석남, 긴잎끈끈이주걱	
	숭선진 광평 습지 (1000m)	7월 초~9월 초	큰금매화, 큰송이풀, 별꽃풀	출입제한
무송현	오십령 습지(1550m)	6월 초~7월 말	손바닥난초, 큰괴불주머니	출입제한
	천양 습지(810m)	6월 초~중	민솜대 최대군락지	
연길시	삼도진 북장지촌(360m)	5월 말~6월 초	황새풀, 버들까치수염	

| 기타 지역 |

시구역	행정소재지(고도)	탐사 기간	주요식물	비고
훈춘시	반석진 대판령(280m)	4월 중~말	노루귀, 철쭉	
	밀강향(320m)	4월 말~5월 초	봄맹초, 철쭉	
연길시	모아산(400m)	6월 초~8월 중	키다리난초, 구름병아리난초 최대군락지	
	삼도진 오도촌(350m)	5월 초~중	쌍동바람꽃	
화룡시	청호촌(500m)	5월 말~6월 초	복주머니란, 만주붓꽃	
	선봉령(1200m 이상)	5월 말~8월 초	세바람꽃, 나도범의귀, 산작약	
	와룡촌(330m)	5월 말~6월 초	큰솔나리, 좁은잎사위질빵	
안도현	이도백하진 부석림(1000m)	6월 초~7월 말	분홍노루발, 유령란	
	원지(1000m)	6월 초~6월 중	황산차, 이삭송이풀, 물지채	출입제한
	쌍목봉(1050m)	6월 초~8월 중	분홍노루발, 주걱노루발, 월귤	출입제한
	동천촌(380m)	7월초~중	분홍바늘꽃	
왕청현	배초구진 중앙촌(290m)	6월 초~중	부지깽이나물, 층층둥굴레	
	대흥구진(260m)	5월 말~6월 초	흰양귀비	
무송현	전천림장(750m)	5월 말~6월 중	산부채 최대군락지	
	개서림장(800m)	7월 초~말	민매화마름, 아광나무	
	오십령(1400m 이상)	5월 중~8월 초	애기풍선난초, 너도제비란, 유령란	
	만강진(810m)	5월 말~7월 말	구슬골무꽃, 애기기린초	
장백현	24도구(1050m)	7월 말~8월 초	유령란, 쌍잎난초	출입제한

· 학명 찾아보기 ·

D

E

F

T

U

V

W

· 국명 찾아보기 ·

백두산 식물 길잡이

1판 1쇄 찍음 2021년 6월 14일
1판 1쇄 펴냄 2021년 6월 21일

지은이 이도근 · 김진옥

주간 김현숙 | **편집** 김주희, 이나연
디자인 이현정, 전미혜
영업 백국현, 정강석 | **관리** 오유나

펴낸곳 궁리출판 | **펴낸이** 이갑수

등록 1999년 3월 29일 제300-2004-162호
주소 10881 경기도 파주시 회동길 325-12
전화 031-955-9818 | **팩스** 031-955-9848
홈페이지 www.kungree.com
전자우편 kungree@kungree.com
페이스북 /kungreepress | **트위터** @kungreepress
인스타그램 /kungree_press

ⓒ 이도근 · 김진옥, 2021.

ISBN 978-89-5820-725-2 03480

책값은 뒤표지에 있습니다.
파본은 구입하신 서점에서 바꾸어 드립니다.